FARMING

农业种植系列读物

邹 彬 吕晓滨 编著

马铃薯脱毒
种薯生产与高产栽培

河北科学技术出版社

图书在版编目(CIP)数据

马铃薯脱毒种薯生产与高产栽培 / 邹彬，吕晓滨编著. -- 石家庄：河北科学技术出版社，2013.12

ISBN 978-7-5375-6579-0

Ⅰ. ①马… Ⅱ. ①邹… ②吕… Ⅲ. ①马铃薯-栽培技术②马铃薯-脱毒 Ⅳ. ①S532

中国版本图书馆 CIP 数据核字(2013)第 269234 号

马铃薯脱毒种薯生产与高产栽培

邹　彬　吕晓滨　编著

出版发行　河北科学技术出版社

地　　址　石家庄市友谊北大街 330 号(邮编:050061)

印　　刷　北京楠萍印刷有限公司

开　　本　910×1280　1/32

印　　张　7

字　　数　140 千

版　　次　2014 年 2 月第 1 版

　　　　　2014 年 2 月第 1 次印刷

定　　价　25.80 元

Preface 序

推进社会主义新农村建设，是统筹城乡发展、构建和谐社会的重要部署，是加强农业生产、繁荣农村经济、富裕农民的重大举措。

那么，如何推进社会主义新农村建设？科技兴农是关键。现阶段，随着市场经济的发展和党的各项惠农政策的实施，广大农民的科技意识进一步增强，农民学科技、用科技的积极性空前高涨，科技致富已经成为我国农村发展的一种必然趋势。

当前科技发展日新月异，各项技术发展均取得了一定成绩，但因为技术复杂，又缺少管理人才和资金的投入等因素，致使许多农民朋友未能很好地掌握利用各种资源和技术，针对这种现状，多名专家精心编写了这套系列图书，为农民朋友们提供科学、先进、全面、实用、简易的致富新技术，让他们一看就懂，一学就会。

本系列图书内容丰富、技术先进，着重介绍了种植、养殖、职业技能中的主要管理环节、关键性技术和经验方法。本系列图书贴近农业生产、贴近农村生活、贴近农民需要，全面、系统、分类阐述农业先进实用技术，是广大农民朋友脱贫致富的好帮手！

中国农业大学教授、农业规划科学研究所所长
设施农业研究中心主任 张天柱

2013年11月

Foreword 前言

农业是国民经济的基础，是国家稳定的基石。党中央和国务院一贯重视农业的发展，把农业放在经济工作的首位。而发展农业生产，繁荣农村经济，必须依靠科技进步。为此，我们编写了这套系列图书，帮助农民发家致富，为科技兴农再做贡献。

本系列图书涵盖了种植业、养殖业、加工和服务业，门类齐全，技术方法先进，专业知识权威，既有种植、养殖新技术，又有致富新门路、职业技能训练等方方面面，科学性与实用性相结合，可操作性强，图文并茂，让农民朋友们轻轻松松地奔向致富路；同时培养造就有文化、懂技术、会经营的新型农民，增加农民收入，提升农民综合素质，推进社会主义新农村建设。

本系列图书的出版得到了中国农业产业经济发展协会高级顾问祁荣祥将军，中国农业大学教授、农业规划科学研究所所长、设施农业研究中心主任张天柱，中国农业大学动物科技学院教授、国家资深畜牧专家曹兵海，农业部课题专家组首席专家、内蒙古农业大学科技产业处处长张海明，山东农业大学林学院院长牟志美，中国农业大学副教授、团中央青农部农业专家张浩等有关领导、专家的热忱帮助，在此谨表谢意！

在本系列图书编写过程中，我们参考和引用了一些专家的文献资料，由于种种原因，未能与原作者取得联系，在此谨致深深的歉意。敬请原作者见到本书后及时与我们联系（联系邮箱：tengfeiwenhua@ sina. com），以便我们按国家有关规定支付稿酬并赠送样书。

由于我们水平所限，书中难免有不妥或错误之处，敬请读者朋友们指正！

编　者

CONTENTS

目 录

第一章 优质的马铃薯品种

第二章 种薯的脱毒生产

第三章　马铃薯的露地栽培

第四章 马铃薯的大棚栽培

第五章 马铃薯的地膜覆盖栽培

第六章 马铃薯的特殊栽培

第七章 马铃薯的疾病防治

第一章

优质的马铃薯品种

第一节 早熟品种

一、极早熟品种

1. 东农 303

此品种是东北农业大学育成的极早熟菜用型和鲜薯出口型品种。为直立株型，分枝中等，株高大约 50 厘米，茎绿色，生长势强，开白色花，无法天然结实。有大小中等、呈扁卵圆形的块茎，皮和肉均为黄色，有光滑平整的表皮，多长而浅的芽眼，集中结薯，休眠期大约 70 天，耐贮藏。薯块中淀粉含量为 13.1% ~14%，还原糖 0.41%。植株容易感染晚疫病，块茎可抗环腐病，不耐旱，但不怕涝，退化较慢。每亩大概可产 1500 ~ 2000 千克薯块。

此品种因苗期、孕蕾期需水量高，因此不适合在干旱地区种植。平均每亩种 4000 ~4500 株，要求土壤肥力上中等。

此品种在广东、江苏、上海、华北以及东北都可种植，有很强的适应性，因而有较好的综合经济性状。

2. 费乌瑞它

是从荷兰引进、经组织培养繁育而成的品种。在陕西，此品种的商品适应性和品种优势都非常好，属于目前能实现双季、高产的优良早熟品种。属直立型，高大约50厘米，椭圆形薯块，不但块大，而且很整齐，黄皮黄肉，有光滑的表皮，芽眼浅平。肉质脆嫩，质量好。60天就可完成出苗至收获的过程，休眠时间少。早结薯，时间集中，有很高的商品率。春薯覆膜栽培可提前在5月中下旬上市，适合双季栽培。块茎结薯浅、对光敏感，应合理培土，防止膨大的块茎从地下露出而变绿，最终对质量产生影响。每亩春播的产量通常是1500～2000千克，高的可超过2500千克。由于薯块大且整齐，颇受市场欢迎，面向南方市场和向东南亚出口，前景很好。此品种适合在广东、江苏、河南和山东等省份发展。

3. 早大白

是极早熟菜用型品种，由辽宁省本溪市马铃薯研究所育成。

为直立株型，有中等的分枝性，大概高50厘米。绿色叶片，开白色花，结大且整齐的扁圆形薯块，大薯率达90%，皮、肉均为白色，表皮光滑，芽眼较浅，休眠期中等。薯块中淀粉含量在11%～13%，集中结薯，薯块会快速膨胀。每亩大概可产2000千克，如果地块水肥充足，产量可达3000千克。

以每亩种植大约5000株的密度为好。栽种宜深，覆盖宜浅，在植株现蕾之前做两次中耕除草的工作，注意预防晚疫病。植型矮小，可与其他作物间作套种。

适合二季作及一季作的早熟栽培，现在在山东、辽宁、河北和江苏等地均有种植。

4. 张引薯1号

是从张掖市农科所引进的特早熟品种。为直立株型，少有分枝，叶为绿色，茎为紫色，花为蓝紫色，有很强的生长势。株高约为60厘米，薯形为长椭圆形，皮、肉均为黄色，表皮光滑，结有大且整齐的块茎，上有少量浅浅的芽眼，集中结薯，对肥水需求量大。生育期为70天，极早熟，休眠期短，耐贮存，淀粉含量约为15%，适宜鲜食。亩产2000～3000千克，适合川区地膜种植方式。

5. 郑薯3号

是极早熟菜用型品种，由河南省郑州市蔬菜研究所培育而成。

为直立株型，分枝量中等，植株的高度为40厘米，有绿色茎叶，开白色花，生长势中等。块茎椭圆形，大且整齐，皮、肉均为白色，表皮光滑，芽眼多而浅，集中结薯，生育期约为60天。薯块中淀粉含量为12.5%，含有很少的还原糖。对晚疫病、疮痂病和环腐病等病都很容易感染。退化快，不抗涝。亩产量约为1500千克。

每亩种5500～6000株，保证其生育前期和生育中期的水肥量充足。适合二季作栽培及间套作。

6. 中薯2号

是由中国农科院蔬菜花卉所选育而成的品种。株型较小，为

40~50 厘米，有较少的分枝和白色的花冠，雄性不育。结有卵圆形的块茎，皮、肉为淡黄色，芽眼浅。结薯集中，大中薯率超过 85%。对花叶病毒的抗性很高，对卷叶病毒抗性稍弱。茎叶易感染晚疫病，块茎对晚疫病有很强的抗性。耐贮性较好，淀粉含量约为 12%。一般亩产 1500 千克，高者可超过 2000 千克。

7. 中薯 4 号

是由中国农业科学院蔬菜花卉研究所培育而成的极早熟品种。出苗后 55 天可收获，从播种到植株的生理成熟大约需要 65 天。株型直立，株高约为 55 厘米，很少分枝，枝叶的繁茂程度适中，茎为绿色，叶为深绿色，基部和花冠均为淡紫色。结有长椭圆形的块茎，皮、肉淡黄色，大小中等，表皮光滑，芽眼少而浅。集中结薯，结薯数量比较可观。块茎约有 50 天的休眠期。新鲜薯块约含淀粉 13.3%、还原糖 0.47%。对晚疫病的抗性较强，生长后期轻感卷叶病毒病，抗疮痂病性强，耐瘠薄。出苗后 60 天收获，每亩能产薯块 1500~2000 千克，如果是水肥充足的高产田，可亩产 2500 千克。

抗病性好，耐瘠薄，亩栽量在 4500~5000 株。播前催芽，施足基肥，加强前期管理，及时进行培土、中耕等工作，以便能早发棵、结薯，及时完成结薯期和薯块膨大期的灌溉工作。

适宜二季作区和西南混作区早春蔬菜种植，也适合南方冬闲田、北方一季作区早熟栽培。

8. 鲁马铃薯 1 号

是极早熟菜用型品种，由山东省农业科学院蔬菜研究所培育而成。

为开展式株型，分枝量适中，植株高度为60～70厘米。有绿色的茎和白色的花，生长势适中，易落花落蕾。结中等大小且整齐的椭圆形块茎，皮、肉浅黄色，有光滑的表皮，芽眼深度中等。集中结薯。块茎适于贮存，休眠时间短。约有60天的生育期。薯块中有13.3%的淀粉、0.01%的还原糖，不易退化，较抗疮痂病，每亩约产1500千克。

每亩种植量在4000～5000株，水肥需求量大。

适合在中原二季作区种植，主要种植区在山东省。

二、早熟品种

1. 青薯7号

由青海省农林科学院作物所育成。株高约为50厘米，幼芽顶部较尖，为紫色，中部黄色，基部有少量绒毛，为绿色椭圆形。茎、叶绿色，叶有平展边缘，长有互生或对生的椭圆形复叶。花序为聚伞状，花蕾为浅绿色椭圆形；萼片浅绿色，花冠紫色；花瓣尖，深紫色，雌蕊有较长的花柱和圆形柱头；有5枚雄蕊；没有天然果实。约含17%的淀粉。块茎为表皮光滑的扁圆形，皮、肉黄色，肉质致密，芽眼浅，芽眼数5～6个，集中结薯。早熟，生育期约为85天。不仅很耐旱，还很耐寒、耐盐碱，对马铃薯花叶病毒抗性差。每亩产量约为2500千克。适于种植在青海省水地及低、中、高位山旱地。

2. 毕引2号

此品种由贵州省毕节地区农业科学院研究所1998年引自白俄罗斯马铃薯研究所的试管苗培育而成。生育期约75天。株高约70厘米，株型直立，分枝、分棵少，叶稀，叶、茎绿色，绒毛短少，长有心形顶小叶，有3～4对侧小叶，有橙黄色雄蕊和大小适中的白色花冠，没有重瓣，很难开花，天然结果率低。淀粉含量26%，还原糖含量0.11%。每亩约产2000千克。对病毒病有抗性，晚疫病发生得迟。适合作为蔬菜种在海拔低于1500米的地方。

3. 双丰5号

双丰5号

原代号9322混，是由山东省农科院蔬菜研究所培育而成的马铃薯品种。杂交组合为IROSE×丰收白，由从法国引入的母本并以国内早熟品种为父本通过连续无性世代选择，在1995年培育而成。此品种参加了2002～2003年全省马铃薯区域试验，春季每亩平均生产2077.2千克，比薯引1号多产30.1%；2003年秋季每亩平均生产1802.9千克，与薯引1号相比多产37.8%。2003年秋季生产试验每亩平均产1728.8千克，与薯引1号相比增产31.7%。

此品种早熟，从出苗到成熟需要60～65天。为直立株型，分枝量适中，植株高约51.1厘米，生长势中等偏弱。开白色花，天然结实。匍匐茎短，集中结薯，块茎可快速膨大，单株可结4～5

块薯。块茎为光滑的扁圆形，皮、肉黄色，有浅芽眼，薯形很整齐，休眠时间短，为75~90天。经农业部产品质量监督检验测试中心（济南）检验显示：含有干物质19.1%，含有14.0%淀粉，含粗蛋白2.2%，每100克鲜薯块含维生素C 32.8毫克（收获10天后所测）。区域试验田间显示：对马铃薯卷叶病毒和马铃薯Y病毒较有抗性，轻感马铃薯X病毒，对疮痂病、环腐病抗性较好。结薯期不论是对温度还是光照，都不很敏感，可在春、秋种于保护地中。春季地膜覆盖栽培可在2月底、3月上旬播种，秋季在8月初播种。生产中要适当早播早收。栽培方式为垄作，每亩种植5000~5500株。基肥要充足，通常不用追肥，第一次浇水在苗期，第二次浇水在现蕾期，而在薯块膨大期要使土壤保持湿润。

4. 郑薯5号

是河南省郑州市蔬菜研究所培育而成的早熟品种。休眠时间约为45天，植株高约60厘米，为直立株形，茎粗壮，分2~3个枝，叶片较大，绿色。有白色花冠和黄色花药，可以天然结实。结光滑的椭圆形薯块，皮、肉黄色，少有浅状芽眼，尾部略尖。集中结薯，一株结3~4块薯，块大且整齐，大中薯率高于90%。食用品质好，含淀粉13.42%、粗蛋白1.98%、还原糖0.089%，100克新鲜薯块含维生素C 13.89毫克，适于出口。每亩产量约2250千克，最高4000千克。植株抗晚疫病和疮痂病性较好，易感卷叶病毒。适应性强，在一季、二季作区均有栽培。

5. 郑薯6号

由河南省郑州市蔬菜研究所培育的早熟品种。为直立株型，有2~3个分枝，约60厘米高。长有粗茎和比较大的复叶，均为绿色，有较强的生长势。花冠为白色，可天然结果。块茎椭圆形，表皮光滑，皮、肉为黄色，芽眼浅而稀。集中结薯，单株结3~4个薯，块大且整齐，有很高的商品率。有65~70天的生育期和45天的休眠期，耐贮藏。是适合鲜食的优良品种。块茎含干物质20.35%、淀粉14.66%、粗蛋白2.25%、维生素C 13.62毫克/100克以及还原糖0.177%。植株花叶不缩皱，抗花叶病毒、茶黄螨、霜冻和疮痂病性较好，对卷叶病毒、晚疫病抗性略差，病毒性退化轻。春播每亩产2000~2500千克，适宜中原二作区栽培。

6. 双丰6号

由山东省农科院蔬菜研究所培育的原代号为9503-8的品种。杂交组合为83119-(10)×PVY-31，为有性杂交，经过连续无性世代选择，育成于1999年。该品种参加了2002~2003年全省马铃薯区域试验，春季每亩平均产1674.6千克，比大西洋多产66.3%；2003年秋季每亩均产1389.4千克，比大西洋多产38.9%。2003年秋季生产试验每亩均产1358.9千克，比大西洋多产59.1%。

此品种早熟，65~70天即可完成出苗到成熟的过程。为直立株型，分枝量适中，高58.8厘米，生长势中等偏强。开白色花，自交结实性强。匍匐茎短，集中结薯，块茎可快速膨大，单株约结薯5块。块茎为有网纹的圆形，皮浅黄，肉白色，有浅状芽眼，外形整齐。休眠时间90~105天。经农业部产品质量监督检验测试中心（济南）检验显示：含干物质22.4%、淀粉17.8%、还原糖0.04%（收获10天后所测）。适用于炸片，炸后略黄，和大西洋相似。区域试验田间表现显示：抗马铃薯卷叶病毒和马铃薯Y病毒性较好，轻感马铃薯X病毒。对疮痂病、环腐病抗性较好。所结的薯块对光和温度均不敏感，适于春、秋种在保护地。春季地膜覆盖栽培播种时间可选2月底、3月上旬，秋季播种可在8月初。为了打破休眠，用于秋季栽培的种薯要在早春繁殖，收获时间为4月底、5月初。在生产时要适当早种早收。采用垄作方式栽培，每亩栽植5000～5500株。施足基肥，通常不追肥，苗期浇一次水，第二次浇水在现蕾期，注意在薯块膨大期使土壤处于湿润状态。

7. 花525

为直立株型，分枝中等，长有绿色粗壮的茎，叶绿色，有大复叶，叶缘平展，花冠紫色，繁茂；结光滑的扁圆形块茎，个大且整齐，有很多深芽眼，皮、肉浅黄色，结薯密度适中，约含淀粉15%。抗晚疫病，耐贮存。丰产性好，每亩产2000～2500千克。

8. 中薯4号

系中国农科院蔬菜花卉研究所培育的炸片型优质早熟新品种。为直立株型，分枝不多，约高55厘米，茎绿色，基部淡紫色。叶深绿色，中等大小，叶缘平展。花冠白色，可天然结实，约60天可完成出苗至收获的过程。结大且整齐的长圆形块茎，为淡黄色皮肉，集中结薯，有少量浅状芽眼，味佳，适于炸片、食用鲜薯。休眠期短，植株较抗晚疫病，抗马铃薯X病毒、Y病毒，后期对卷叶病和疮痂病抗性略差，种性退化不快，通常每亩可产1500～2000千克。

9. 泰山1号

由山东农业大学培育的鲜食菜用型品种。株形直立，分枝少，株高约60厘米。茎绿色，基部存在浅紫红色碎点，生长势适中，开白色花。结光滑、大小较整齐的椭圆形块茎，淡黄色皮肉，芽眼浅。集中结薯，块茎休眠时间不长，较耐贮存。生育期约65天。薯块含淀粉13.5%～17%、还原糖0.04%。对晚疫病、疮痂病抗性较好。亩产可超过1500千克，种植密度为4500～5000株/亩。

10. 冀张薯3号

系河北省农科院高寒作物研究所培育的淀粉加工型品种。为直立株形，株高约75厘米。茎、叶颜色深。开白色小花，落蕾不会开花，结大且整齐的薯块，皮、肉黄色。有少量浅状芽。休眠时间适中，不耐贮藏。薯块含淀粉15.1%、还原糖0.92%。生育期约100天。植株对晚疫病抗性好，对环腐病抗性差，容易退化。亩产约为2000千克。种植密度宜为3500～4000株/亩。

11. 尤金

系经有性杂交培育的商品性状优良的高产早熟新品种，有70～75天的生育期，单株可结4～6个薯，亩产量超过2000千克，大中薯比例高于85%，薯形椭圆形，皮、肉黄色，表皮光滑，有浅平的芽眼，块茎两端饱满，含淀粉13%～15%，有较好的适口性，油炸后为均匀的金黄色，香脆可口，适合出口鲜薯、加工成食品。

12. 克新 4 号

系黑龙江农科院马铃薯研究所培育的品种，为直立株型，植株高度为 65 厘米，有少量分枝，茎绿色，复叶大小中等，叶深绿色，花冠白色，生长势适中。中等大小的扁圆形块茎，皮呈网纹状，肉为淡黄色，芽眼深度适中，集中结薯，耐贮存。每亩均产 1500 千克，若是高产，则可达 2500 千克。品质好，适合鲜食。易感晚疫病，轻感卷叶病毒，感染 Y 病毒。

13. 克新 9 号

为直立株型，植株高 55 厘米，有很多分枝，绿色茎，带褐色斑纹，复叶很大，深绿色，有很强的生长势。花冠白色，天然结果性强。结光滑椭圆形块茎，黄色皮肉，芽眼浅，结薯集中，平均每亩可产 1200 千克。质量优，既可鲜食，又可用于加工。抗 X 病毒、Y 病毒性强，但易感染晚疫病。

14. 鲁马铃薯 1 号

系山东省农科院蔬菜研究所培育的鲜食菜用型品种。株形开展，分枝适中，高 60～70 厘米。茎为绿色，开白色花，容易落花落蕾，生长势适中。结中等大小且整齐的椭圆形块茎，有光滑的外皮，黄皮浅黄肉，芽眼深度适中，集中结薯。块茎休眠期短，耐贮存。生育期约 60 天。薯块中淀粉含量为 13.3%、还原糖为 0.01%。不易退化，抗疮痂病性较好，亩产 1500 千克，每亩宜种 4000～5000 株。

15. 鲁马铃薯 2 号

系山东省农科院蔬菜研究所培育的鲜食菜用型品种。株形开展，高约70厘米。有少量分枝，生长势很好。叶为绿色，开白色花。结大且整齐的椭圆形块茎，有光滑的外皮，皮、肉黄色，芽眼深度中等，集中结薯。块茎休眠期不长，耐贮存，生育期约60天，含淀粉12%～13.5%，易感染晚疫病。亩产可超过1500千克，每亩宜种3000～4000株。

第二节 中熟品种

一、中早熟品种

1. 郑薯4号

郑薯4号系河南省郑州市蔬菜研究所培育的品种。株型开展，有4～5个分枝，株高60～70厘米，茎叶均为绿色，复叶较大，花冠为白色，花药为橙黄色，能天然结果，有种子，长势较强。块茎中等、圆形，皮、肉黄色，表皮较粗糙，芽眼深度适中。集中结薯，块茎不但大，也很整齐，大中薯率约为90%，休眠时间不长，耐贮性较好。品质优，鲜薯约含淀粉13%、粗蛋白质1.56%、还原糖0.1%、维生素C 12.7毫克/100克。

抗晚疫病和环腐病性较好，抗花叶病毒、卷叶病毒略差一点，易感染疮痂病，耐涝性较强。出苗后75天就能收获。通常亩产量为1700千克，高产可超过3000千克。适合二季作，适宜种植密度为4000株/亩。主要种植地为安徽、河南和山东等。

2. 陇薯1号

系甘肃省农科院粮食作物研究所培育的品种。有较开展的株型，株高80～90厘米，茎叶均为绿色，复叶大小适中，长势好。此品种为白色花冠、黄色花药，有很多花粉，有少量的天然结果。浆果绿色、较小，有种子。结大且整齐的扁圆形块茎，皮、肉淡黄色，表皮不光滑，有浅状芽眼。集中结薯，休眠时间不长，适于贮存。质量优，鲜薯含淀粉14%～16%、粗蛋白质1.55%、还原糖0.2%、维生素C 10.5毫克/100克。

对X病毒、Y病毒有抗性，不易感卷叶病毒，偶感晚疫病，对环腐病和黑胫病抗性很差，每亩产1500～2000千克，高产田超过2500千克。一季作每亩约种5000株，二季作可适当种稀一些。此品种对基肥需求量大，早中耕培土，做好田间管理工作。主要种植地为甘肃、四川、宁夏、新疆和江苏。

3. 万芋9号

是由四川省万县地区农科所培育出的品种。为直立株型，高约45厘米。茎叶均为绿色，复叶大小适中，长势较好。有浅紫色花冠、橙黄色花药和少量花粉，可天然结果，浆果绿色、较小，有种子。结大小适中、整齐的扁圆形块茎，白皮淡黄肉，芽眼较浅，皮光滑。集中结薯，休眠时间不长且适于贮存。质量优，每100克新鲜薯块中约含淀粉14%、还原糖0.1%、粗蛋白1.56%、维生素 C 14.2 毫克。

植株抗晚疫病性很强，抗环腐病，轻感皱缩花叶病毒病，很耐旱。适合春秋二季栽培，一般每亩约产 1500 千克，间套作每亩大概产 1200 千克，秋播每亩大概产 1000 千克。春薯种植密度约 6000 株/亩、间套作约 4000 株/亩。主要在四川省及湖北省西部地区种植。

4. 安农5号

此品种系陕西省安康地区农科所培育而成。株型疏散，有少量分枝，约高 60 厘米。有浅紫褐色茎，复叶大，叶绿色，长势强。花冠淡紫色，有重瓣，花药橙黄色，花粉多，可以天然结果，结绿色、有种子的浆果。结光滑的长椭圆形块茎，肉黄皮红，有浅状芽眼。结薯较集中，块茎中等大小，较整齐，休眠时间短，适宜贮存。食用品质好，含淀粉 12% ~18%、粗蛋白 2.28%、还原糖约 0.5%，每 100 克可新鲜薯块中含维生素 C 8.5 毫克。植株抗晚疫病（块茎高抗）性较好，抗环腐病和卷叶病毒病，轻感花叶病毒病，抗旱、耐瘠薄。每亩产量约为 1500 千克，高产则可超过 2500 千克。可间套作、二季作。春薯种植密度约为 4500 株/亩、间套作约 3000 株/亩。适宜种于四川和陕西。

5. 五里白

由辽宁省本溪市农科所培育而成。株型直立，有少量分枝，株高约 40 厘米。茎、叶均为，有较大的复叶，长势好。花为白色花冠、橙黄色花药，有很多花粉，能天然结果，结绿色、有种子的浆果。结有大且整齐、皮光滑的长椭圆形块茎，皮、肉白色，有很多浅芽眼。集中结薯，较耐贮藏，休眠期较长。食用品质较好，含淀粉 14% ~16%、粗蛋白质 1.72%、还原糖 0.2%、每 100 克新鲜薯块含维生素 C 15.3 毫克。抗晚疫病、环腐病、疮痂病和花叶病毒。通常亩产 1500 ~2000 千克，高产可达 3000 千克。对二季作要早催芽。种植密度宜为 5000 株/亩，多栽培于辽宁省东西部。

6. 东农 304 号

由黑龙江省东北农业大学培育而成。1990 年经过黑龙江省农作物品种审定委员的审定，成为推广品种。为直立株型，约高 55 厘米，茎绿色，叶浓绿色，枝繁叶茂，长势很强。复叶大小适中，花冠白色，无天然浆果。块茎圆形，皮、肉为黄色，芽眼深度适中，集中结薯，单株结 7 ~8 块薯，大中薯约有 87%。休眠时间长，适宜贮存。块茎质量优，约含淀粉 14%、还原糖低于 0.4%。

对于晚疫病和 Y 病毒均有抗性，对卷叶病毒抗性略差。种植密度为 3500 ~4000 株/亩，每亩约产 2000 千克。适合在水肥条件处于中上等的地块种植。前期植株发育与产量关系密切，在苗期和孕蕾期要供水充足。现在黑龙江省南部大面积种植，比克新 4 号多产 13% ~16%。

7. 中薯 3 号

是中国农业科学研究院蔬菜花卉研究所培育出的早熟品种。有 67 天的生育期。株型直立，高约 50 厘米，单株约有 3 个主茎，茎叶均为绿色，为波状边缘，有少量绒毛。长有绿色的花序总梗、白色花冠和橙黄色雄蕊，柱头 3 裂，天然结实。结光滑的椭圆形块茎，皮、肉淡黄色，有少量浅芽眼，单株可结 5 ~6 个薯，商品薯的概率在80%～90%，每亩产1500～2000千克。幼苗生长势强，枝繁叶茂，匍匐茎短，块茎休眠期约60天，耐贮存。抗花叶病毒病，易感晚疫病。适合一季作区早期栽培和二季作区春、秋两季栽培。

8. 系薯1号

系薯1号由山西省农科院高寒区作物所培育而成。株型直立，株高40～50厘米。绿色茎上有紫色斑纹，深绿色叶片很饱满，开少量花，为白色花冠，常有畸形柱头、花药，花粉少。块茎圆形，紫皮白肉，芽眼深度适中，集中结薯，薯块大而整齐，大薯率达88%。食用质量好，蒸时容易裂开并为粉状，约含干物质22%、淀粉17.5%、还原糖0.35%，每100克新鲜薯块含维生素C 25.2毫克。

抗晚疫病很高，对病毒病的皱缩花叶（PVX+PVY）过敏，耐旱，耐瘠薄。通常亩产1500千克，高产则可超过2000千克，鉴定试验均产2800千克，比对照品种多产28.9%。种植密度4000～4500株/亩，因生育期较短，块茎可快速膨大，故应及早进行田间管理工作，早中耕培土。种于水浇地，在现蕾、开花期供水充足及时，还要据苗情施氮肥。若种于旱坡地，可以适当晚播，以便使块茎膨大期与雨季吻合而获得高产。因本品种植株较矮，所以适合与玉米等作物间套作。

9. 川芋56号

本品种由四川省农科院作物所培育而成，1987年通过四川省农作物品种审定委员会的审定，成为推广品种。株型开展，株高约50厘米，主茎粗壮，有3～4个分枝。叶绿色，复叶较大，有

4对侧小叶。开花较少，但花粉多，花为白色花冠、橙黄色花药，一般不结果。结有大且整齐的椭圆形茎块，外皮光滑，皮、肉黄色，芽眼较浅，大中薯率超过80%，结薯集中。薯块休眠时间短，适宜贮存。质量优，适用于加工食品。平均含淀粉13.48%、还原糖0.19%，每100克新鲜薯块含有14.4毫克维生素C。

植株对癌肿病有抗性，易感晚疫病，不抗青枯病，抗花叶病毒病性轻。亩产约1500千克，高产则能超过2000千克。由于植株矮小，故可以和玉米等作物间套作。种植密度约为4000株/亩，适合种在南方二季作地区。北方从四川等地引种时，要注意品种对光周期的反应，若是处于北方春季长日照的环境下，可能会延迟结薯或者不结薯，但秋季生长不受影响。

10. 白丰

由辽宁省大连市农业科学研究所培育而成。1983年通过辽宁省农作物品种审定委员会的审定后被命名并成为推广品种。植株疏散，高约48厘米。长有绿色的茎、深绿色叶，复叶大，有4对侧小叶，生长势强。花冠淡紫红色，雄蕊花药黄色，雌蕊柱头4裂，花柱短，有少量花粉，没有天然浆果。结有大且整齐、外皮光滑的椭圆形块茎，皮、肉白色，有浅芽眼，集中结薯。休眠期短，耐贮存。食用品质好，含淀粉13%~14.5%、粗蛋白1.58%、还原糖0.01%，100克新鲜薯块含9.3毫克维生素C。

植株较抗晚疫病和疮痂病，易感染环腐病，轻感卷叶病毒病，较耐瘠薄。种植密度为4000~4500株/亩，每亩约产1500千克。此品种适于种于二季作地区，已在辽宁地区推广。

11. 安薯 56 号

由陕西省安康地区农业科学研究所培育而成。1994 年通过全国农作物品种审定委员会的审定，被命名并成为推广品种。为直立株型，高 42 ~ 65.5 厘米，有 2 ~ 4 个主茎和少量分枝，茎淡紫褐色，坚硬不倒伏。叶深绿色，复叶较大。花冠紫红色。结大且整齐的扁圆形或圆形块茎，有黄色的皮和白色的肉，集中结薯。休眠时间约为 80 天，耐贮存。商品率高，食用品质好，蒸食干面，口感好。含淀粉 17.66%、粗蛋白 2.54%，属高蛋白质类品种，100 克新鲜薯块含 21.36 毫克维生素 C。

植株抗晚疫病性很高，轻感黑胫病，抗花叶病毒病。种植密度 3500 ~ 4000 株/亩，亩产可达 2950 千克。适合种植在陕西秦岭一带，可以和玉米间套作。目前已经在陕南和西南部分地区大面积种植。在生产上耐涝、耐旱、抗逆性强，有很强的适应性，增产潜力大，大有推广前途。

二、中晚熟品种

1. 克新 1 号（紫花白）

属于中熟品种，有约 95 天的生育期。株型疏散，高约 70 厘米，有很多分枝，茎叶均为绿色，生长势强。复叶饱满。花冠淡紫色，雌雄蕊均不育。结有大且均匀的椭圆形块茎，淡黄皮白肉，外皮光滑，有很多深度适中的芽眼。集中结薯。薯块休眠时间长，适宜贮存。质量中等，鲜薯含干物质18.1%、淀粉13%~14%、还原糖0.52%，每100克新鲜薯块含维生素C 14.4毫克。植株对晚疫病、Y病毒和卷叶病毒有抗性，对马铃薯X病毒过敏。块茎抗晚疫病性很差，抗环腐病极好，较耐涝。通常每亩约产1500千克，高产可超过2500千克。

由于此品种的块茎在最初可快速膨大，有很强的适应性，因此在一、二季作区都可以种植。主要在黑龙江、吉林、辽宁、内蒙古、山西等省、自治区种植，目前是我国种植面积较大的一个品种。每亩大约种植3500株较为合适，春季在二季作区种植要催芽早播种，秋季在二季作区种植要早催芽。黑龙江南部地区适合在4月中下旬、北部地区适合在5月中上旬播种。

2. 克新2号

属于中熟品种，约有90天的生育期。为直立株型，植株高度为65~70厘米，茎叶均为绿色，茎上有极淡的紫褐色，叶上茸毛少，复叶大，生长势强。花冠淡紫色，天然结实性强。结有绿色、有种子的大浆果和大且整齐的圆形块茎。块茎的表面为网纹状，皮淡黄色、肉为黄色，芽眼多、深度适中，集中结薯，耐贮藏。蒸食品质优，含干物质22.5%、淀粉15%~16.5%、还原糖0.86%、粗蛋白质1.5%，每100克新鲜薯块含13.8毫克维生素C。植株对晚疫病、马铃薯X病毒和Y病毒有抗性，轻感卷叶病毒，耐旱。通常每亩可产1500千克，高产超过2500千克。

有比较强的适应性，主要在山东、吉林和黑龙江等省种植，此外也在福建、广东种植。较耐旱，适于种植在干旱地区。因植株繁茂，种植不宜过密，每亩种植3200~3500株为宜。

3. 克新17号

是由黑龙江省农科院马铃薯研究所用F81109×B5141-6的杂交后代培育出的原代号为200001-49的品种。

此品种为炸条加工型中晚熟品种，在适应区约有90天的生育期（由出苗到茎叶枯黄）。为直立株型，高约60厘米，有少量分枝。茎为绿色，复叶大小中等，开正常、可孕的白色花。结大小均匀的椭圆形块茎，皮、肉均为白色，芽眼浅，集中结薯，商品薯率高于85%，十分耐贮藏。含干物质约23.37%、还原糖0.213%，100克新鲜薯块含维生素C 20.43毫克。在田间抗晚疫病性中等，抗PVX、抗PVY，感PLRV性中等。

种植前半个月时将种薯从窖里移至15～18℃的温室环境中，完成困种工作，将2～3层种薯堆放在散射光下进行催芽，并翻动1～2次，当芽长0.5～1.0厘米并呈绿色时播种，在播种时保证10厘米的土层温度不低于10℃，通常选择5月上中旬，种植在土肥、排水好的地块，用宽垄点播的种植方式，一次性完成开沟、施肥、点种、合垄、镇压等工作，以每公顷约种植4万株为宜。每公顷施用20000千克有机肥、120千克尿素、150千克硫酸二铵和150千克硫酸钾，混匀后，与播种开沟时作种肥一次施入。加强田间管理，铲蹚结合，要二铲二蹚，培土及时，准时完成收获工作。为保证能出苗，在苗期要做好灌溉工作；如果赶上晚疫病严重，则应在生育后期及时防治。

4. 大西洋

中晚熟，约有91天的生育期。株型直立，生长势适中，茎秆粗壮，基部分布着不规则的紫色斑点。叶子紧凑，亮绿色的叶子上有数量适中的绒毛。开花数量多，为浅紫色花冠，有较弱的天然结实性。结有大小均匀的卵圆形块茎，表皮有轻微网纹，芽眼浅，皮、肉白色。薯块有适中的休眠时间，宜贮存。含淀粉15%～17.9%、还原糖0.03%～0.15%。植株易感晚疫病，对马铃薯X病毒免疫，抗卷叶病毒和网状坏死病毒性较强，易感染束顶病和环腐病，干旱时薯块可能会有褐色斑点。每亩约产1500千克。

此品种有较好的适应性，目前作为炸片品种在内蒙古、黑龙江、吉林和河北等省、自治区一、二作区广泛栽植。此品种不适合种在沙壤土中，适宜种在壤土中。种植过程中不能施太多肥料。在种薯生产过程中，要根据本地条件，适当增加密度，还要结合灌水。每亩适宜种植数量为3800株。施肥时要将氮、磷、钾肥配合起来进行深施肥。种薯田要定时喷施杀蚜药剂，预防蚜虫。在雨季来临前，喷施甲霜灵锰锌，预防晚疫病。

5. 安薯58号

是由安康市农科所以马铃薯品种Apoke为母本、以4081为父本进行杂交选育出的原代号为922-30的马铃薯品种。

植株高36.0～78.0厘米，株型开展，叶淡绿色，茎绿色，开白色花，薯长圆形，皮、肉均为淡黄色，有光滑的外皮，芽眼少且浅。有82～116天的生育期，属中晚型。有80～150天的休眠时间，植株较矮，较集中结薯，适宜套种。耐涝、抗旱、耐贮藏。抗逆力强，在西南区试验时经旱、涝、霜、冻和冰雹后依然增产很多，由此可见有很强的适应性。抗晚疫病性极高，抗卷叶病毒和花叶病毒。西南六省（市）两年16个点区试验显示，平均单产1713.7千克，平均比米拉品种多产40.5%，全国有6个马铃薯区试生产试验点，均产1807.5千克，与米拉品种相比平均多产29.7%。安康市有7个生产试验点，与玉米套种，均产1560.8千克，与安薯56号对比平均多产34.7%。

2001年7月12日农业部质监中心测定，安薯58号中粗淀粉含量为74.89%，还原糖为0.19%；陕西省农科院测试中心省质检站于1997年9月28日测出含鲜淀粉17.57%、还原糖0.208%，100克薯块含维生素C15.67毫克；2000年9月5日西北农大实验中心测定含有17.04的鲜淀粉。满足薯条加工原料的标准（含干物质20%～23%、淀粉14%～16%、还原糖不多于0.3%）。

适合种植在西南区高、中、低山及丘陵、川道区。青海农科院试验显示北方也是适宜种植区。2001年有4.1万亩的示范种植面积，2002年增加10.4万亩，多收7783.6万千克，按每千克0.6元算的话，产值4670.16万元。西南区缺乏高产、抗病和适合加工的品种，全国马铃薯种植面积为6000万亩，西南地区约有1950万亩，占三分之一，其中安薯58号推广面积925万亩，约占西南地区的一半，按增产量低的全国马铃薯品种生产试验亩增产536.8千克算的话，安薯58号总共增产49.654亿千克，产值增加了2.98亿元，这对解决快餐食品加工原料供应问题、增加经济收入都具有重要意义。

鲜薯

6. 夏坡蒂

约有95天的生育期，为中熟品种。为开展型植株，高60～80厘米。绿色茎秆很粗壮且有不少分枝。淡绿色叶片密且较大。白色花冠间有浅紫色，开花早，花期长。结有外皮光滑的长椭圆形薯块，皮、肉均为白色，有突出且很浅的芽眼。含干物质19%～21%、还原糖0.2%。此品种既不耐旱又不耐涝，对涝害十分敏感，喜通透性强的疏松土壤，喜肥，不耐瘠薄。易感病毒病和晚疫病，会很快退化。通常亩产1500～2000千克。

该品种适合肥沃疏松、有水浇条件的沙壤土，适宜种植在我国北部、西北部高海拔冷凉干旱一作区。其有很高的生产条件，要选择肥力较好、土层深厚、有良好通气排水性能的轻壤土或沙壤土。不适合种植在低洼、涝湿的地块中。种植行距70～80厘米，株距25～30厘米，每亩约3500株。由于很容易感染晚疫病，因此在晚疫病发病之前就要严格预防。

7. 阿克瑞亚

此品种的亲本为QUARTA×SEMLO，由中国农业科学院蔬菜花卉研究所在1994年从荷兰引进。于1998年通过了北京市农作物品种审定委员会的审定，成为炸条专用的品种。

阿克瑞亚为直立株型，高约0.7米，淡紫色茎较粗壮，生长势很好，深绿色叶片大而稍下垂，有宽大的复叶和白色的花冠。

结有大且整齐的长椭圆形块茎，光滑的皮为淡黄色，肉为深黄色，芽眼少而浅，集中结薯，生育期约 100 天，是中晚熟品种。大中薯率为 84%，每公顷平均可生产 28050 千克。植株对 X 病毒免疫，抗 Y 病毒、A 病毒性很高。薯块轻感晚疫病，叶片中度感染晚疫病。

100 克新鲜薯块含干物质 19.37 千克、淀粉 14.1 克、粗蛋白 1.93 克、维生素 C 21 毫克。薯块含还原糖少，收获时为 0.1%，炸条指数为 0.13，经过 5 个月的贮藏后含还原糖 0.1%，炸条指数是 0.15。加工品种的块茎在低于 5℃ 的低温下通常会积累还原糖，从而使加工品质下降。不过阿克瑞亚薯块具有耐低温变甜的特性，作为炸条加工品种，这一点有很重要的意义。

从播种种薯、耕作土壤到灌溉施肥、中耕培土再到形成块茎和最终收获的一系列操作，阿克瑞亚与国内品种基本相同，都涉及一系列生理活动。要使块茎优质高产，就要联系实际环境，根据马铃薯生长发育时的生理活动的特点，采用合适的农艺举措，这样才能合理控制产量的形成过程。

8. 中大 1 号

属于中晚熟高淀粉加工品种，由中国农科院蔬菜花卉研究所与大兴安岭地区农业科学研究所共同育成。

生育期约为 103 天，为直立株型，植株高度为 61 厘米，结有外皮光滑的长圆形块茎，皮、肉均为淡黄色，芽眼浅，商品薯率 70.5%，含粗淀粉 18.5%。分枝数适量，块茎休眠时间久。植株抗晚疫病，较抗花叶病毒病。经国家马铃薯品种中晚熟东北组区试验显示，每亩均产块茎 1457 千克、淀粉 275.5 千克，与对照品种相比多产 14.6%。适合作为中晚熟淀粉加工品种种植在黑龙江、吉林、辽宁和内蒙古东部地区。

9. 鄂马铃薯 1 号

约有 95 天的生育期，为中熟品种。株型开展，株高约 50 厘米，生长势强。茎、叶均为绿色，开白色花，有较弱的天然结实性。结有较大的扁圆形块茎，外皮光滑，皮黄肉白，有浅芽眼。集中结薯，较耐贮存。块茎食用品质较好，100 克鲜薯含干物质 23.6 克、淀粉 17.7 克、粗蛋白质 2.83 克、还原糖 1.13 克、维生素 C17.3 毫克，适宜食用新鲜薯块。抗晚疫病性高，轻感马铃薯 X 病毒。通常每亩生产块茎 1600 千克。

适宜种在我国的西南地区，现已经在湖北西部推广种植。在西南地区适合作为冬播品种。单作的适宜种植密度为 4000 ~ 5000 株/亩，可以和玉米双行套种。该品种适应性好，需肥量适中，单作每亩通常需要 3000 千克有机肥，需追肥 2 次，总的尿素量约有 15 千克，在追肥时要中耕除草，在植株的生育期要做好勤灌排涝的工作。

10. 凉薯 30

凉薯 30 是一个新品种，于 1994 年通过凉山州农作物品种审定小组的审定。

此品种抗晚疫病、癌肿病性很高，为直立株型，结有大且整齐的长椭圆形块茎，皮和肉均为浅黄色，芽眼数适量，外皮光滑，集中结薯，块茎休眠时间久，耐贮藏。有 90 ~ 100 天的生育期，属中晚熟品种。经测定显示，块茎含干物质 26.1%，干物质中的淀粉含量为 77.2%，维生素含量为 17.1%，还原糖含量为

1.48%，蛋白质含量为5.1%。通常每亩可生产2000千克，最高可超过2500千克。

在栽培上，此品种最适宜深沟开厢、高厢垄作、宽窄行错窝种植，种植密度为4000~5000株/亩。由于播种地的海拔不同，因而播种时间也不同，通常低山地区适合在1月中旬种植，而半山区宜在1月下旬至2月中旬播种，高寒山区宜在3月上旬至4月上旬播种，播种时在多施用底肥（尤其是农家肥）的同时，要加上数量合理的钾、磷、氮肥，肥力适中的土地通常施5~8千克尿素、约15千克过磷酸钙和10~15千克钾肥；田间管理与其他品种相同。

此品种有很强的适应性，主要是马铃薯主产地，都能栽培，而且还十分适合在高寒山区、半山区和马铃薯癌肿病区栽培。

11. 青薯168

是典型的晚熟品种，生育期超过130天。为直立株型，株高约有90厘米，红褐色的茎很粗壮，有2~3个分枝。叶为深绿色，花冠为紫红色，有少量天然果实。结有大且均匀的椭圆形块茎，红皮黄肉，外皮光滑，芽眼浅，集中结薯。块茎休眠时间久，耐贮存。块茎食用品质高，有香味，100克新鲜薯块含淀粉17.3克、还原糖0.68克、粗蛋白质2.07克、维生素C 11.34毫克。植株抗晚疫病性强，抗逆性强，增产潜力大。通常每亩可产2900千克，高产田可超过4000千克。

此品种不但已经在青海省大量种植，而且在陕西、甘肃等省也有高产、抗病的特性，适合作为鲜薯食用和鲜薯出口品种在西北、华北一季作地区种植。依据土壤肥力和灌溉条件确定种植的密度，如果土肥差，就相应密植；如果水肥好，就相应稀植。适宜种植密度为3000～3500株/亩，最多不可超过5000株/亩。

12. 会一2号

系会泽县农业技术推广中心以印西克为母本、以谓会2号为父本进行杂交，从生成的5万多粒种子中选育出来的，1994年通过了曲靖地区品种审定委员会的审定，又经过昆明植物所的脱毒工作，在2001年7月通过云南省品种审定委员会的审定，成为“滇马铃薯6号”。

为直立株型，花冠为浅紫色，叶为浓绿色，结有大且集中的椭圆形的薯块，皮、肉均为白色，有浅芽眼，重量大于500克的薯块其侧芽眼容易突出，特大的薯块容易畸形。生育期为120天，属中晚熟种。休眠时间久，抗晚疫病和癌肿病，丰产性好。

蒸煮的薯块略微有香味，适口性适中，据云南省师大薯类所检测（欧盟标准），此品种薯块含干物质18.7%、含淀粉12.9%、还原糖0.254%，加工油炸片级别为9级，水分较多。适合做成速冻薯条和油炸薯片。

该品种适应地区广，丰产性好，结薯早，冬早、小春、大春都适种，为充分发掘其增产潜力，每亩施用1500～2000千克腐熟厩肥，多于80千克的氮：磷：钾=10：10：10的复合肥，这两种肥料作为基肥。播种密度3600～4000株/亩。如果条件允许，临封行时施用少量磷、钾肥，以促使薯块膨大。

13. 晋薯7号

晚熟，生育期约120天。为直立株型，株高60～90厘米。茎、叶片为绿色，茎节处有紫色。主茎约有10个分枝。叶片大且平展，叶尖较尖，有长椭圆形的顶小叶和侧顶小叶。开白色花，雄蕊较大、花粉多，可天然结实。结有大且均匀的扁圆形薯块，皮黄肉黄，表皮光滑程度适中。每块约有 9 个较深的芽眼，有弧形芽眉，集中结薯。重量大于 150 克的大薯率约为 70%，每 100 克鲜薯含粗蛋白质 2.51 克、含维生素 C 9.04 ~ 14.6 毫克、碳水化合物 17.89 克。很耐旱，对早疫病、晚疫病均有抗性，退化程度小。通常亩产 1500 ~ 2000 千克，最高产则约可达 4000 千克。

在一季作区的山、川、丘陵地都能种植。在水肥条件好、无霜期达 130 天的地方，更能发挥增产的能力。选择栽培在土质松、土层深的肥土中，肥力好，产量就更高。适宜种植密度为 3500 ~ 4000 株/亩，本品种的地上部在开花盛期群体十分茂盛，所以要适当加大行距，以 0.5 ~ 0.6 米合适。生长前期长势不快，应当做好苗期管理工作，在孕蕾期追肥。

14. 晋薯 10 号

系山西农科院五寨试验站使用 81-5-62 品种自交果培育实生苗选育的品种。1992 年通过了山西省农作物委员会的审定，于 1993 年在山西省首届农博会上获得银奖。

该品种属中晚熟种。为直立株型，株高约 60 厘米，茎粗叶茂，生长势强。叶绿色，花白色，结有浆果。集中结薯，结有均匀的长扁圆形薯块，皮黄肉白，单株约结 5 个薯块，大中薯率高于 90%。品质较好，约含淀粉 16.0%。

适合与玉米套种，要适当早播种，适宜种植密度为 3500 ~ 4500 株/亩。要尽快深中耕，在第一次开花前覆土。

15. 同薯20号

本品种由山西省农科院高寒作物研究所培育而成，是新品种，2005年6月通过了国家农作物品种审定委员会的审定。

为直立株型，高70～95厘米，粗壮的茎上有不少分枝，平均单株有2～3个主茎。枝繁叶茂，叶深绿色，花冠白色，天然结实性中等。结大小中等均匀的圆形块茎，黄皮黄肉，有光滑的外皮，芽眼深度适中，集中结薯，平均单株结4～7个薯块。约有110天的生育期，属于中晚熟品种。生长势强，块茎可快速膨大，但如果膨大期遇降雨或灌溉不均，容易有空心。耐旱、耐贫瘠、耐盐碱，较抗晚疫病、病毒病，对黑胫病、环腐病有抗性。含干物质24%、淀粉16.7%，还原糖、粗蛋白、维生素C的含量高，食味口感佳，鲜薯适于食用、出口和加工成淀粉。

在一季作区，适宜于5月上、中旬种植，于9月下旬到10月上旬收获。播种前要催芽，适宜种植密度为3500～4000株/亩。底肥要给足，最好集中窝施，配合施用一定数量的磷、钾肥，前期适当追肥，以促为主。在膨大期要灌溉均匀，尽量避免空心的出现。深中耕时的培土工作要分次进行，在块茎形成期要促下控上，促控结合，浅中耕，高培土，促进薯块膨大和成熟。

可以种植在东北、华北和西北等大部分一季作区。

16. 合作88

中晚熟，生育期约110天。为直立株型，株高大概93厘米，茎为绿紫色。叶深绿色，复叶很大，有3～4对排列紧密的侧小叶。开紫色花，有较弱的天然结实性。结有光滑的长椭圆形薯块，皮红、肉黄，芽眼少而浅，集中结薯，薯块商品率高，休眠时间久，蒸煮时味微香，有较好的适口性。含干物质 25.8%、淀粉 19.9、还原糖 0.296%。植株对晚疫病抗性适中，高抗卷叶病。通常亩产 2000~2500 千克，高产可达 5000 千克。

此品种在日照时间渐增的春天无法正常结薯，会出现晚熟现象，属于短日照品种，因而适合种植在一季春播马铃薯种植区。该品种需肥多，为充分发挥其增产潜力，种植时宜选择肥力较好的地块，以农家肥为主肥，多施基肥，在封行之前加施一些磷钾复合肥。每亩种植 3000~3500 株，为整薯播种。

第三节 晚熟品种

1. 克新 11 号

克新 11 号由黑龙江省农科院马铃薯研究所培育而成。株高 45~55 厘米，为直立株型，有 2~3 个主茎，不会倒伏。茎、叶均为绿色，有较大的复叶和 3~4 对侧小叶。花冠为白色，有很少量的天然结果。结大且整齐的圆形或椭圆形块茎，外皮光滑，黄皮黄肉，芽眼浅。商品薯率高于 80%，有 5 个多月的休眠时间，适宜贮存。种植之前的 20~30 天要进行催芽工作。块茎食用品质好，100 克鲜薯含淀粉 15.7 克、还原糖 0.28 克、维生素 C 17.8

毫克。通常每公顷可种5.5万~6.5万株，能生产2.6万~3.3万千克新鲜薯块，高产田可超过4.1万千克。该品种抗晚疫病性强，较抗卷叶病毒病和花叶病毒病，适宜种植在黑龙江、吉林、内蒙古等一季作地区。

2. 青薯6号

此品种是由青海省农林科学院以92-9-44（73-21-1×Desiree）作为父本、以固33-1作为母本经过有性杂交选育出来的。炸片试验结果显示其色泽、酥脆性接近大西洋，符合炸片品种的各项标准。于2005年1月10日通过了青海省农作物品种审定委员会的审定，并被命名为青薯6号。

青薯6号属晚熟品种，约有107天的生育期。结有光滑的圆形薯块，皮白肉白、致密、紧实。单株产量约为0.8千克，可结5~7个薯块。每块薯上有5~7个浅芽眼，并有半月形芽眉，集中结薯，休眠时间长，耐贮存。块茎含淀粉18.19%、粗蛋白2.12%、还原糖0.17%，蒸食味道好。田间观察显示，此品种有很强的抗旱、抗寒性，对黑胫病、环腐病和晚疫病有抗性，较抗花叶病毒。适宜栽培于青海省水地及中、低、高位山旱地。

3. 榆薯1号

此品种由陕西省榆林地区农科所培育而成。植株疏散，高约68厘米，有很多分枝，茎、叶为深绿色，长势强。花冠白色，花期长，有效花粉不多，天然结实性弱。块茎圆形，外皮光滑，芽眼深度适中，皮、肉均为白色，集中结薯，大中薯率高于73%，休眠时间久，耐贮存。生育期约140天。食用品质很好，适口性好，含淀粉18.3%、粗蛋白质2.1%，维生素含量不低，是淀粉产量、粗蛋白含量都很高的一个品种，每公顷通常栽培5.2万~6.2万株，可结新鲜薯块2.2万~2.6万千克，高产的可超过4.6万千克。此品种耐旱、耐寒、抗病性强，有很强的适应性，轻度感染花叶病毒病、疮痂病，抗卷叶病毒病、晚疫病性较强，适合种植于西北和华北地区。

4. 宁薯5号和宁薯7号

由宁夏回族自治区固原地区农科所培育而成。为直立株型，高50~55厘米，有3~4个分枝、粗壮的茎和浓绿的叶子，生长很旺盛。复叶比较大，有3~4对侧小叶。花冠为白色，有少量花粉。结圆形或长圆形块茎，皮黄肉白，上有浅芽眼。集中结薯，单株可结4~6个薯，大中薯率超过75%。块茎休眠时间较短，冬贮期间易发芽，应低温贮藏。薯块质量好，食用口感很不错。每100克新鲜薯块含干物质约23.5克、淀粉15.1~16.8克、粗蛋白质3.2克、还原糖0.13~0.34克、维生素C 10.32毫克。生育期约150天（出苗到成熟为120天），是晚熟品种。此品种抗花叶病毒病、卷叶病毒病和晚疫病较好。适合种在西北山区的半干旱地区。每公顷通常种6万株，可产2.4万千克鲜薯，高产的可超过3.5万千克。因为此品种抗逆能力好、有很强的适用性，可以做油炸薯片，适于加工，所以深受农民和加工企业的喜爱。

5. 丽薯1号

丽薯1号原名85克疫红皮，由丽江地区从内蒙古引进克疫实生种子育苗移栽产生分离株经选育而出。在2001年7月通过了云南省农作物品种审定委员会的审定。

该品种茎粗壮，浅紫色。为直立株型，有少量分枝，株高约为90厘米。叶片为浓绿色，复叶较大，叶面略皱，有侧小叶3～4对。有紫红色花冠，有种子，结实性不强。结椭圆形薯块，皮为红色，肉为淡黄色，芽眼深浅适中。此品种属晚熟品种，有长达105～115天的生育期。集中结薯，大中薯率高于90%，商品薯率高。块茎休眠时间久，耐贮藏。食味好，蒸食质量很好。薯块含干物质23.3%、蛋白质1.76%、淀粉17%、还原糖0.24%，100克薯块所含的19种氨基酸量为1.61克。抗晚疫病性很强，就算遇到恶劣的生长环境，发病会很慢，病害流行也慢，对产量的影响也小。此品种在各片区均可获得高产。在西南片区，每亩均产1534千克；在西北片区，每亩均产2526千克；在东北片区，每亩均产1725千克；在华北片区，每亩均产1771千克。

有广泛的适应性，可以种于东北、华北、西南和西北等马铃薯产区。

此品种在1999～2000年参加了云南省马铃薯区试，在15个试点的10个参试品种中，其产量两次均排第一位，每亩均产2045千克，与对照品种相比每亩多产160.7千克，增收8.5%。2001年，又参加了全国马铃薯区域试验中晚熟组东北、华北、西北、西南4个片区共16个试点的预备试验，其产量在所有品种中位居首位，每亩均产1780.2千克，与对照品种相比增产20.97%。其中在青海西宁每亩产量达3417千克，是所有参试品种在各个试点的最高产量；此品种在宁夏固原与陇薯3号相比，多产108.72%。这一品种在每个产区均能高产，与各片区的对照种相比几乎都表现为增产。在西南片区，每亩均产1533.5千克，比对照米拉相比增加36.09%；在西南片区，每亩均产2526.3千克，与陇薯3号相比多产39.49%；在东北片区，每亩均产

1724.9 千克，与对照克新 2 号相比增 0.65%；在华北片区，每亩均产 1770.5 千克，与紫花白相比减少 1.66%，不过 4 个参试点中的其他 3 个均表现增产。2001 年，在宁蒗县跑步坪乡沙力坪行政村连片示范了 50 亩，每亩均产 2560.0 千克，与当地老品种相比每亩多收 1408 千克，增产率为 122%。

6. 渭会 2 号

由甘肃省农科院粮食作物研究所培育而成。株型开展，高约 95 厘米，有很多分枝，绿色的茎上有淡紫色斑纹。绿色复叶中等大小，生长势很好。开白色花，上有黄色花药，天然结果性强。绿色浆果较大且有种子。结大且整齐的椭圆形块茎，皮白肉白，外皮光滑，芽眼深浅适宜，集中结薯。休眠时间久，耐贮存。食用品质好，100 克新鲜薯块含淀粉约 19 克、粗蛋白质 1.18 克、还原糖 0.24 克、维生素 C 17.4 毫克。适宜种植密度为 6 万株/公顷，可结 2.3 万～3.2 万千克新鲜薯块，高产田可超过 3.7 万千克。此品种抗晚疫病性高，抗环腐病性适中，易感花叶病毒病、黑胫病及卷叶病毒病。适宜种植于四川、陕西、宁夏、甘肃、青海等地区。

7. 晋薯 7 号和晋薯 8 号

由山西省农科院高寒作物研究所培育而成。为直立株型，有粗壮的茎和很多分枝，植株高 60～90 厘米，生长茂盛。叶为绿色，复叶大，约有 4 对侧小叶。花冠为白色或浅蓝色，花药不小，还有很多花粉，可以天然结果。结大且均匀的扁圆形或圆形块茎，外皮很光滑，皮黄肉浅黄，芽眼较深。集中结薯，商品薯率约为 90%，休眠期较长，耐贮存。食用品质好，100 克鲜薯含淀粉17.5～19.4克、粗蛋白2.51～3.03克、维生素C 9.3～14毫克。通常种植密度为6万株/公顷，可收获2.3万～3.1万千克鲜薯，高产的可达4.5万千克。此品种有很轻的抗旱性，抗晚疫病性也很强，轻度感染卷叶病毒病、环腐病，适合种植于东北、陕西和山西等一季作地区，是一个蛋白质和淀粉含量高、适宜加工淀粉的品种。

第二章
种薯的脱毒生产

第一节 种薯脱毒生产的概念及意义

一、脱毒种薯的概念

被当成种子的薯块就是“种薯”。而“脱毒种薯”则指的是马铃薯的种薯由一系列物理、生物、化学或其他技术措施除掉薯块体内的病毒后，获得的经检测无病毒或很少有病毒侵染的种薯。在马铃薯的脱毒快速繁殖和种薯生产系统中，所有级别的种薯的总称就是脱毒种薯，种用脱毒试管苗在试管里诱导生产的薯块称作“脱毒试管薯”。在由人工控制的防虫网室中，使用试管薯栽培、试管苗移植和脱毒苗扦插等方法生产的小薯块就叫做“脱毒微型薯”“脱毒原种”“脱毒原原种”“一级脱毒种薯”“二级脱毒种薯”等。脱毒种薯的生产和一般的种子繁育不一样，它需要经过十分严谨的生产过程，依照各种种薯的生产技术的要求，采用一系列防止病毒和别的病害感染的措施，这包括种薯生产田用到人工或天然隔离条件、严格的检测和监督病毒的措施、把握好播种和收获的时间、尽快去除有病植株、保持周围环境的安全、防蚜避蚜和种薯收获后的检验等，要严格把关每一块种薯田，保证脱毒种薯的质量。经试验，确定脱毒种薯有十分明显的增产效果，使用脱毒种薯可以增产30%～50%，高者增产1～2倍，甚至多至3～4倍。使用脱毒种薯生产马铃薯的方法之所以有这么大的增产效果，一是种薯的品质高，没有或几乎没有受到病毒的侵害，因此植株在生长过程中可以充分发挥品种优良的生产特性；二是当地农家品种的退化比较严重，当地的品种退化得越严重，使用脱毒种薯生产的田地的增产情况就越明显，增产量就越多。

1. 脱毒苗

应用茎尖组织培养技术获得的，经检测可确定不带有马铃薯卷叶病毒（PLRV）、马铃薯X病毒（PVX）、马铃薯Y病毒（PVY）、马铃薯S病毒（PVS）、马铃薯A病毒（PVA）和马铃薯M病毒（PVM）等病毒以及马铃薯纺锤块茎类病毒（PSTV）的再生试管苗。

2. 脱毒种薯

指的是从繁殖脱毒苗开始，经过一代代繁殖增加种薯数量的种薯生产体系所生产的达到质量标准的各级种薯。脱毒种薯有两类，即基础种薯和合格种薯。基础种薯指的是用于生产合格种薯的原原种以及原种；而合格种薯指的则是用作生产商品薯的种薯。

3. 脱毒组培苗

指的是利用脱毒苗，用组织培养的方法大量繁殖，用作生产原原种的试管苗。

4. 试管薯

试管苗是一种微型小薯，在组织培养容器中经诱导产生。重量通常不足1克，不过因为在生产过程中没有接触外界环境，因此生产出的微型小薯质量佳，可直接用于脱毒生产原种或生产微型薯。

5. 原原种

指的是温室条件下在防虫网室中利用组培苗生产的马铃薯不含有病毒、类病毒和其他马铃薯病虫害的，具有所选品种（品系）的典型特征的种薯。通常生产的种薯较小，重量小于10克，因此常常被称作微型薯，也被称作脱毒微型薯。

马铃薯

6. 原种

有两类，即一级原种和二级原种。一级原种是以原原种为种薯，在良好的隔离防病虫的环境中生产出的达到一级种质量标准的种薯。二级原种则是以一级原种为种薯，在良好的环境中生产的达到质量标准的种薯。

7. 合格种薯

分为一级种薯和二级种薯。一级种薯指的是以原种为种薯，在良好的隔离防病虫的环境中生产出的达到一级种质量标准的种薯。二级种薯指的是以一级种薯为种薯，在同样良好的条件下生产出的达到二级种质量标准的种薯。

二、脱毒种薯的意义

（一）使出苗率得到提高

在实际生产应用中，脱毒种薯有个突出特点，就是烂薯率大幅度降低，出苗率上升。和没有脱毒的种薯相比，前者的平均出苗率比后者高 13.7% ~31.9%，在有些干旱地区，这一数值可高达 60.9%。

（二）植株生长旺盛，生长势增强

马铃薯脱毒后，植株的生长势旺盛。例如，初花期植株的高度，脱毒的比没有脱毒的高 26.6% ~37.7%，叶面积前者比后者大57.1%，茎粗35.0%，这些为达到高产构建了很强的绿色体，是增产的物质基础。

（三）叶绿素增加，提高光合强度

马铃薯经过脱毒，不但植株生长旺盛，而且叶片中叶绿素的含量和光合强度也都明显得到了提高。比如，脱毒植株在初开花期、结薯期的叶绿素的含量均比未脱毒植株高，分别高30.7%、33.3%，两个时期的光合强度分别提高了14%、41.9%。试验显示，脱毒植株光合产物向块茎转运的比例是对照的4.13倍，其比例是最大的，其次是向地上部转运，转运最少的是根部。没有脱毒植株的情况与此相反，其光合产物运转到茎叶中的最高，转运到块茎中的很少。这是因为植物体内有病毒，这些病毒阻碍了植株的生理代谢。

（四）提高抗逆性

脱毒的植株水分代谢旺盛，较抗高温、干旱，病害也会明显减少。如果土壤中水分充足，温度适宜，光照量足够，那么叶片的蒸腾强度会比没有脱毒的植株高32.9%。反之，如果土壤缺水，温度高，光照又强，蒸腾强度会比未脱毒植株低11.9%。这就表明脱毒植株抗逆性较强，能够对自身进行适当的调节，以便更好地适应不同的环境。

（五）增产

和未脱毒植株比较，脱毒植株的增产效果十分明显。在相同的条件下，后者一般可比前者多产30%～50%，有的时候产量可能会成倍增加。脱毒之前退化越是严重的品种，脱毒之后增产越多。

第二节 脱毒种薯繁育设施与设备

一、基本条件

（1）1~2间工作室 用来调配试剂、制备培养基、消毒高压锅，还用来存放药品、器材和完成洗涤工作。室内应当配有试验台、工作台和存放药品、器材的架子、柜子以及箱子等，此外要具备水、电、供暖等设施。

（2）一间无菌室 在室内对脱毒苗进行切断和接种工作，以防被病菌侵染。室内应有一个紫外线灯、一个超净工作台，开关装在门外。最好用瓷砖或水磨石铺地，保证墙壁上无尘。如果没有紫外线灯，可使用来苏儿喷雾消毒灭菌，严防污染。

（3）一间培养室 用于繁殖培养试管苗。要求室内能控制光、温。在装着荧光灯的架子上放试管苗（三角灯）。可安装窗式空调来控制室温。可用黑色薄膜隔离营养架，以培养微型薯

（试管薯），实现1室两用。

（4）一间贮藏室　主要存放器材、用品和药品。室内有贮藏架、柜即可。

（5）50平方米的温室　用于移栽试管苗、繁殖扦插和生产原原种。可以用珍珠岩、草炭、蛭石等制成基质并铺在地面或放于箱盘中来扦插。切记要预防粉虱、蚜虫和螨的发生。

（6）1~2个防虫网棚　1个网棚通常有半亩地大小，根据需要可先制备1~2个网棚，使用40目网纱就能预防蚜虫。网棚中要设计缓冲门兜，这是为了人进入后能除去身上的有翅蚜虫和脱换衣、鞋等的地方，以防将害虫带入棚内。

二、设施设备

（一）组织培养室

将工厂化大规模生产作为目的，组培室的规模不够，这样会影响生产，降低效率。因此当设计组织培养室时，要按植物组织培养的程序设计，不能颠倒某些环节，使日后工作混乱，降低工作效率。应当在绝对无菌的环境中进行植物组织培养，如此就要用到某些器材、设备和用具，另外还需要人工控制光照、温度、湿度等条件。

（二）大型连栋温室

马铃薯脱毒微型小薯的根本设施就是温室，主要有塑料大棚、单栋日光温室和大型连栋温室。其中大型连栋温室用来育苗有很多优点，如受光均匀、管理方便、便于调控环境、土地利用经济等，不过一次性投入不少，此外在夏季较热而冬春严寒的地区，还有夏季降温难、冬季升温花费大、难以清除积雪等问题。尤其在我国北方地区寒冷的冬季造成巨大能耗和成本，极大地限制了此种温室的应用。对此，要根据当地的气象条件、投资方的资金能力等条件建造符合当地特色的、具有优良的节能性能、环境可控力强的现代化大型连栋温室。

（三）单栋日光温室

若是北方寒冷地区，提倡使用大跨度（10～12 米）的节能升温日光温室。最新研究出的北方型育苗日光温室如下图所示。

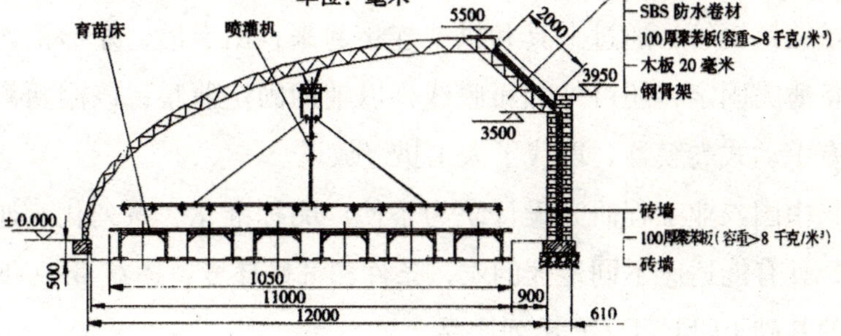

辽沈大跨度育苗日光温室剖面图

（四）塑料大棚

这是一种大型拱棚，上由塑料薄膜覆盖，有很多种结构和类型。与温室比较而言，有建造和拆装方便、结构简单、一次性投资少等优点；与中小棚相比，又有寿命长、坚固耐用、棚内空间大、方便调控环境、对作物生长有利和方便作业的优点。从20世纪80年代以来，我国有单位研制出了一批组装式管架大棚，虽然造价较高，但由于多数管棚用的是薄膜镀锌钢管，强度大、重量小、中间无柱、耐锈蚀、易安装，因此不管是采光性还是作业性，都较理想。目前，已应用于脱毒小薯繁育。

中国农业工程研究设计院研究设计出GP系列镀锌钢管装配式大棚，现已应用于全国各地。骨架由内外壁热浸镀锌钢管制成，有很强的抗腐蚀能力，可使用10～15年，抗风荷载31～35千克/平方米，抗雪荷载为20～24千克/平方米。具有代表性的GP-Y8-1型大棚高3米，长42米，跨度为8米，面积为336平方米；拱架由1.25毫米薄壁镀锌钢管制成，纵向拉杆用的同样是薄壁镀锌钢管，通过卡具和拱架连接起来；用卡槽、蛇形钢丝弹簧将薄膜固定，还可外加压膜线，以辅助固定薄膜；该棚两侧还附有手动式卷膜器，取代了人工扒缝放风。

中国农业工程研究设计院为了使产品标准化、系列化、通用化，具有能适应不同地区的农艺条件和气候环境，还在GP-Y8-1型的基础上设计了GP系列产品。

第三节 茎尖脱毒生产与快速组培繁育

一、茎尖脱毒生产

（一）茎尖脱毒培养的取材工作

马铃薯茎尖的脱毒效果和选择的材料有密切的联系。茎尖组织培养是为了去掉病毒，然而种植的品种产生病毒性退化时，植株间感染病毒的程度经常有很大的不同。有的植株感病重，有的轻，还有一些基本健康。病毒复合侵染就会使植株感病重，比如有些植株被 Y 病毒和 S 病毒侵染，或者被 3 ~ 4 种病毒侵染，病症很重，生长特别差，产量会非常低。制备一种病毒感染的植株病症轻，因此选择茎尖脱毒材料的时候，不光要注意品种的典型性，还要在大量植株中选择病症最轻或接近健康的植株。用这些植株培养茎尖时，可直接用植株上的腋芽或分枝来完成培养茎尖剥离，或者取出这些植株的块茎，并在其发芽后剥下芽的顶尖，也就是生长锥来进行培养。有些品种因在种植过程中病毒侵染的机会少，或种植时间短，所以可能会使某些植株无病毒而保持健康状态，如果经检测可以确定这种植株没有病毒，就能直接作为无病毒株系扩大繁殖，以免脱毒之劳。但不管取材健康程度怎样，都要在取用前进行检测纺锤块茎类病毒（PSTV）以及其他病毒，这是由于纺锤块茎类病毒可在细胞核内存在，还能与染色体结合，用茎尖脱毒方法脱不掉。通过对脱毒材料类病毒进行检测，就能全面掌握所选取的茎尖材料的状况，以便进一步确定是否用此茎尖材料。

（二）病毒检测工作

1. 培养茎尖前的检测

我国在生产上推广的马铃薯品种、研究单位保存的亲本材料（包括试管苗）多少都可能被马铃薯纺锤块茎类病毒侵染。对于茎尖培养材料，首先要使用聚丙烯酰胺凝胶电泳法检测纺锤块茎病毒，如果存在此病毒，必须淘汰，因为茎尖脱毒一般无法脱去此病毒。只有确定茎尖材料无纺锤块茎类病毒后，再检测其他病毒。可使用的方法有指示植物法、血清法以及电镜法，检测茎尖培养的材料带有何种病毒，要登记，培养后要核查。

2. 检测培养后的成苗

进行茎尖脱毒培养的时候，一般少则取几十个，多则几百个。培育成苗后，要严格检测。实践证明，侵染马铃薯的病毒中最难以脱掉的是 S 病毒（PVS）和 X 病毒（PVX）。通常经过茎尖培养，凡能脱去 X 病毒和 S 病毒，那么其他病毒也会被脱掉。当然，本身不带 X 病毒、S 病毒的茎尖，做到带有什么病毒就检测什么病毒。在我国，有7中病毒最常见。这7中病毒中最容易脱掉的是卷叶病毒（PLRV），最难的是S病毒（PVS）。根据其脱毒的由难到易的程度可以排为：PLRV<PVA<PVY<PAMV（奥古巴花叶病毒）<PVM<PVX<PVS。

脱毒苗绝对不可以带类病毒和任何病毒，因此一定要严格检测。在用电镜和血清法检测后，如有需要可使用指示植物接种来确定检测结果。指示植物应当被筛选过且对某种病毒有专化性反应。如千日红对X病毒的反应是接种之后叶片上会出现红色病斑；酸浆对Y病毒的反应为接种后叶片上会出现小枯斑；而地霉松对A病毒的反应则是叶片上会出现很多小型点状病斑等。如果血清检测和指示植物接种均无病症反应，则可确定此脱毒苗为无毒苗，以后才可以应用于无病毒种薯的生产。

3. 常见病毒指示植物的检测方法

病毒检测技术性强，对设备和用品的要求非常高，开展这项工作时，如果本单位人员、设备技术条件不足或没有十足把握时，最好的做法是将要用来脱毒的品种材料送到人力和设备条件好、专业性强的单位进行检测，由专业机构提供无毒苗或脱毒薯进行繁殖。

现在介绍几种马铃薯病毒指示植物检测方法。

（1）指示植物培养　在5月中旬播种普通烟、德伯尼烟和心叶烟，播种上述烟草种子，5天之后种植杨酸浆，再过5天种植黄花烟和白花刺果曼陀罗，最后种植千日红。

先用肥皂水洗净播种用的花盆，然后将所用的沃土过筛并混合均匀，将其放在160～180℃的灭菌器中进行2小时的干热灭菌工作，放在小、中、大花盆中，盆顶和土面之间要有一定的距离，先将花盆内的土浇透水。将种子撒播在盆内的湿土上，土厚0.5～1厘米。6月上旬进行整棚、遮阴、培土、在棚里喷药和地面灌水工作。在6月中旬种植各类指示作物，育苗工作要在阴凉处进行。

(2) 收集病毒组织　通过指示植物检测生长的马铃薯植株是否带有病毒，分别在现蕾期和开花期到田间采集植株叶片。通常将整个植株的中部叶片作为检验材料，也能够检验块茎及脱毒苗带病毒的情况。

(3) 为指示植物接种检验病毒　通常用常规汁液摩擦接种法接种马铃薯S病毒、Y病毒和X病毒，而用蚜虫（桃蚜）接种法接种卷叶病毒。用肥皂水洗涤研钵、研锤，并要洗净双手，将采到的病叶放在干净的研钵里研磨成浆液，然后使用小型喷粉器在指示植物的叶片上喷400目的金刚砂，将病叶匀浆摩擦接种在不同的指示植物上，重复2～3次。接过种之后，用清水将接种叶洗干净，然后用无菌水进行清洗，挂上牌，保持棚温在20～25℃，湿度在85%～90%。接种后3～7天开始记录温、湿度，并加大湿度，逐日观察病叶的症状。及时除去杂草，每5～7天用1次预防蚜虫的药。依据指示作物和病毒协同的发病时间、部位及症状，调查3次，与空白比较，将结果记录下来。

（三）制备培养基

马铃薯的茎尖培养一般采用 MS 培养基。概述如下。

1. 培养基含有的成分

（1）大量元素　每升培养基含有硝酸钾 1900 毫克、硝酸铵 1650 毫克、氯化钙 440 毫克、硫酸镁 370 毫克、磷酸二氢钾 170 毫克、乙二胺四乙酸二钠 37.3 毫克和硫酸亚铁 27.8 毫克。

（2）微量元素　每升培养基含有硫酸锰 22.3 毫克、硫酸锌 8.6 毫克、硼酸 6.2 毫克、硫酸铜 0.025 毫克、碘化钾 0.83 毫克、钼酸钠 0.25 毫克以及氯化钴 0.025 毫克。

（3）有机成分　每升培养基含有蔗糖 30000 毫克、琼脂 8000 毫克、肌醇 100 毫克、腺嘌呤 5 毫克、甘氨酸 2 毫克、吲哚乙酸 1 毫克（或 1 ~ 30 毫克/升）、6-苄基腺嘌呤 1 毫克（或 0.04 ~ 10 毫克/升）、维生素 B_6 0.5 毫克、烟酸 0.5 毫克、维生素 B_1 0.1 毫克，最后调整氢离子浓度是 1995 纳摩尔/升（pH 值为 5.7）。

2. 配制方法

（1）将大量元素配成 10 倍母液　将 300 毫升蒸馏水加入 1000 毫升的容量瓶里，然后加入一种元素，等溶化之后加入另一种元素，以此类推，先后加入 19 克硝酸钾、1.7 克磷酸二氢钾、16.5 克硝酸铵和 3.7 克硫酸镁，全溶后加蒸馏水至 500 毫升，再加入 4.4 克氯化钙，待溶解之后加入蒸馏水至 1000 毫升，就成为了 10 倍母液。制作 1000 毫升培养基需要 100 毫升母液，也就是每升培养基中各元素的需要量。

在配制 10 倍母液的过程中，也可以将各种元素分别溶于 100

毫升容器里，待全部融化时，倒入1000毫升的容量瓶中，定容到1000毫升，使用蒸馏水进行溶解和定容。如果需母液量多，就可以将每种元素和蒸馏水同步加倍。配制好的母液若不马上使用，则要放于冰箱下部不结冰的位置或冷凉的地方。

（2）单用铁盐配成100倍母液　就是将2.78克硫酸亚铁溶解于100毫升蒸馏水中，在100毫升蒸馏水中放入乙二胺四乙酸二钠3.73克，经过加热溶解后倒入硫酸亚铁，待冷却时倒进容量瓶中，加蒸馏水至400毫升。调整氢离子浓度至3163纳摩尔/升（pH值为5.5）。使用的时候，每配1000毫升培养基，需要4毫升母液。

（3）用微量元素配100倍母液　在100毫升的容量瓶中加入50毫升蒸馏水，分别加入2.23克硫酸锰、0.86克硫酸锌、0.62克硼酸、0.083克碘化钾、0.0025克硫酸铜、0.0025克氯化钴以及2.23克硫酸锰，待一种溶解后再加入另一种，全溶后加蒸馏水至100毫升，就制成了100倍母液。每1000毫升培养基需要加入母液1毫升。

（4）用有机成分配100倍母液　在100毫升的容量瓶加入50毫升蒸馏水，先用少量热水溶解0.5克腺嘌呤，然后倒入瓶中。将0.2克甘氨酸溶于少量浓度为1摩尔/升的盐酸中，分别将易溶于水的肌醇10克、烟酸0.05克、维生素$B_1$0.01克、维生素$B_6$0.05克、吲哚乙酸0.1克和0.1克6-苄基腺嘌呤溶于上面提到的容量瓶里，加入蒸馏水直至100毫升，就是100倍母液了。每配制1000毫升培养基，需要加入1毫升母液。

配好上述各种母液后，在配制培养基时，首先考虑培养基的用量。如按照每个15厘米×2厘米规格的试管放10毫升，每个

100 毫升的三角瓶放 25 毫升来算的话，1000 毫升的培养基可装 100 个试管或 40 个三角瓶。培养基的用量确定之后，按总量 3/4 的蒸馏水加入需要量的蔗糖以及琼脂，然后加热，使其溶解。如果配制的培养基是液体，就不用加热了，这是因为不用琼脂时，蔗糖在一般室温下易溶解。加热溶解的琼脂和蔗糖等温度下降到 40℃时，按照制成 1000 毫升培养基所需要的母液用量来分别加入，然后加入蒸馏水至定容量，搅拌充足后，用 1 摩尔/升的氢氧化钠或盐酸将氢离子浓度调到 1585 纳摩尔/升（pH 值为 5.8），然后分别放在三角瓶或者试管中，使用高压锅进行消毒。消毒过程中，当压力上升至 49.03 千帕时，打开放气阀，放出冷气，然后关阀，等压力升到 104 千帕时，保持 15～20 分钟，就可以实现灭菌的目的。消毒时间不要过久，否则会改变培养基的成分。灭菌之后的三角瓶或者试管放在无菌室内，供茎尖培养或脱毒苗繁殖时使用。没有用完的各种母液仍进行冷藏。

（四）茎尖培养方法

1. 消毒材料

可以用植株分枝或腋芽来获取茎尖。不过使用的更多的是块茎上的嫩芽，这是因为很难对植株腋芽彻底消毒，容易污染。块茎上的幼芽长约 4 厘米，在幼叶还没有展开的时候切取（由于老芽容易分化成花芽，所以不能使用老芽）。在进行剥取茎尖工作之前，先对选择的芽段消毒，可将芽放入烧杯中，用纱布封口，放于自来水池中冲洗 30 分钟，取出后蘸一下 95% 的酒精，再在 5% 的次氯酸钠溶液里浸泡 20 分钟，然后使用蒸馏水洗 3～4 次，这样就可以拿到无菌室进行剥取茎尖工作。

2. 消毒无菌室

应当在无菌室里的超净工作台上完成茎尖的剥取工作。要对无菌室消毒，以避免有杂菌。通常用5%的石碳酸水进行全面喷雾，还要用紫外线灯照射超过半小时。为了身体健康，工作人员在关闭紫外线灯20分钟后，才可以进去（开关在室外）。要提前打开超净工作台，过半个小时再工作。工作人员进入无菌室前，要将手表、手镯、戒指等放在室外，穿上消过毒的帽子、鞋、工作服和口罩。进入无菌室之前要用肥皂洗净手和手腕，然后用70%的酒精棉球擦手和工作台上的用具，最后开始工作。

3. 剥离茎尖和接种

将已经消毒处理的芽段放在位于超净工作台上的30~40倍的解剖镜下，使用解剖针将芽顶嫩叶一层一层剥去，在露出1~2个叶原基和生长锥时，用自制的长把刀或解剖刀切下带1~2个叶原基的长0.2~0.3毫米的生长锥，马上在试管内的培养基上进行接种，一个试管只接种1个茎尖，记得为试管编上号，以利于检查成苗。完成接种后要在工作日志上注明接种品种、管数、日期及原茎尖带病毒种类等。

必须对接种时用过的刀具和解剖针进行严格消毒，应当准备2个刀具、2个解剖针。开始时将2个用具放在有酒精的杯中，用时取出1个，剥完1个茎尖后用酒精灯烧一下刀具和解剖针放到酒精杯里，剥第二个时换1个刀具和解剖针。为了防止病毒污染。要轮流使用接种工具。

4. 茎尖培养

在培养室内培养接种后的茎尖试管。保持20～25℃的室内温度，每日16小时光照，光照强度在2000～3000勒克斯。茎尖成活后约1个月通常就可以看到长势很明显。如果叶原基形成小叶后没有生根，可将茎尖转入无生长调节剂的培养基上，小苗就能快速形成根系。大约培养4个月，茎尖可以发育成小的植株。当小植株有4～5个节时，单节切段，接种到三角瓶或试管里的培养基上，也要标上编号。大概过30天再把试管或三角瓶中的小植株单节切段接种到3～4个三角瓶里。当瓶里的苗长到10厘米高时，直接检测2～3瓶苗的病毒情况，也可以移栽到温室供病毒检测，留一瓶（1司样编号的）在培养室内保存着。经过检测确实没有任何病毒的试管苗，才能认定为无毒苗，这种苗才可以进行繁殖利用。只要检测出茎尖苗有病毒，一律淘汰，并立即汰除培养室中保存的同样编号的试管苗。

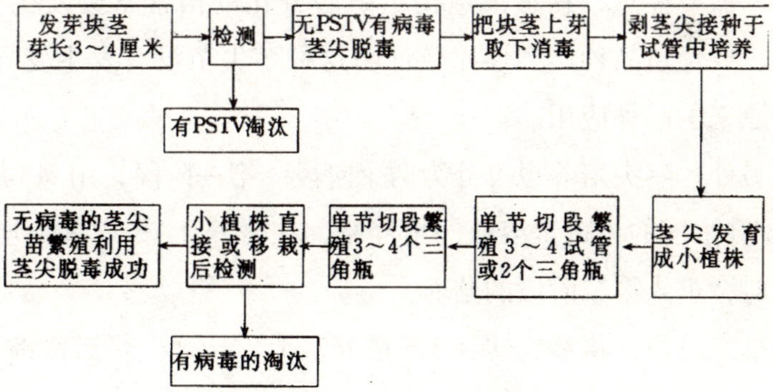

脱（无）毒苗生产程序

5. 茎尖培养时的注意事项

①接种茎尖后生长锥没有生长，或者生长点变为褐色并死亡。这是由于生长点在剥茎尖时受到了伤害，接种后无法恢复而死亡。故一定要细心地剥茎尖，针尖不能伤及生长点。

②茎尖在培养过程中长得很慢，接种1个月没有生长，只有一点绿色。这主要由萘乙酸浓度不足造成，应转入萘乙酸含量大于0.5毫克/升的培养基上培养，还要使培养室温度保持25℃左右，以利于茎尖生长。

③生长锥正常生长，茎尖基部没有生根或者愈伤组织。此时要将茎尖转到不含生长激素的培养基上，并将室温降到18～20℃，以利于根的分化。

④越小的茎尖，越容易形成愈伤组织，分化成苗花费的时间就越久，通常要4～5个月。长0.2～0.3毫米的茎尖分化成苗的时间约为3个月，但由于品种不同会有差别，有的成苗需要7～8个月。需要注意，在形成愈伤组织后分化的苗常常会发生变异。所以，要经过品种典型性比较证明这种茎尖苗没有发生变异，才能按原来的品种应用。

另外，茎尖培养也可分为两个阶段。第一阶段，用MS加0.1毫克/升浓度的赤霉素溶液的培养基，在培养2～3周茎尖增长很明显时，进入第二阶段的培养。

第二阶段，将茎尖转到MS培养基上，什么生长激素都不加。保持温度在20～25℃，光照度2000～3000勒克斯，1～2个月后慢慢长成小植株。

二、茎尖脱毒率的提高

依据细胞分化、植物组织生长发育的特性和利用高温、药剂进行处理，可以降解、钝化病毒和抑制病毒繁殖的作用，在培养茎尖脱毒时，两者结合处理有很好的效果。

（1）高温处理　侵染马铃薯的病毒对温度有不一样的反应。对患病毒病的马铃薯块茎幼芽或植株进行高温处理后，开始茎尖培养，这样脱毒率比较高。1981 年山西省农科院对 S_{3012} 品系的块茎进行 37℃的高温处理，20 天后所有植株均没有出现卷叶病，但处理 15 天的卷叶病株率为 19%，未处理的卷叶病株率为 100%。

侵染马铃薯的 Y 病毒、X 病毒对温度有完全不同的反应。最适宜 X 病毒在植株中繁殖的温度是 20～24℃，当温度为 25～28℃时病毒浓度会降低，病症减轻。而最适宜 Y 病毒繁殖的温度是 28℃，在 31℃的温度下仍能转移。当 X 病毒、Y 病毒同时侵染植株时，Y 病毒不会受 X 病毒影响，但因有 Y 病毒存在，X 病毒不仅浓度增高、毒性加强，而且还可借 Y 病毒增大侵染的范围。因此 X 病毒、Y 病毒同时侵染会加重植株病害，使产量大幅度减少。有报道称，纺锤块茎类病毒适宜在高温下繁殖，因此高温处理不适于纺锤块茎类病毒。科学家将有这种病毒的块茎保存在 4℃条件下 3 个月，然后在 10℃环境中生长 6 个月，这种植株使用茎尖培养再脱毒，效果较好。

（2）药剂处理　药剂可以减少病毒的繁殖，可以提高茎尖的脱毒率。霍林斯曾经说过，嘌呤和嘧啶的有些衍生物如 2-硫脲嘧啶、8-氮鸟嘌呤等可以结合病毒粒子，使一些病毒无法繁殖。谢巴德曾在培养基中加入10毫克/升的病毒唑，然后培养带有X病毒的烟草愈伤组织，可以分化出大量不带X病毒的植株，523个再生植株中只有33个有X病毒。仍用这种培养基培养带有Y病毒的烟草原生质体愈伤组织，会将Y病毒脱除。瓦姆布谷等人也用浓度不等的病毒唑处理长3~4毫米的马铃薯茎尖（腋芽），20周后，Y病毒和S病毒被除去，在培养基中加入20毫克/升的病毒唑，能脱除多于90%的S病毒和85%的Y病毒。用上述药剂处理患病毒的材料，效果都很好，尤其是病毒唑属于一种核苷结构的类似物，放到培养基中可以抑制病毒，在培养的茎尖长到3~4厘米时，脱毒率依然很好，所以这种药剂很有前途。

（3）切取茎尖的大小　目前世界上仍将高温处理后剥取茎尖作为对马铃薯茎尖脱毒培养的主要方法。实践证明，茎尖的大小对茎尖的脱毒率、成活率有很大影响。通常培养的茎尖越小，成苗率就越低。尤其是S病毒、X病毒，剥取的茎尖越小，脱毒率就越高，但成苗率越低。因这两种病毒离生长点近，不易脱除。马铃薯茎尖培养切取的茎尖通常长0.1~0.3毫米，还有1~2个叶原基。若茎尖有叶原基，则更容易成活；若不含，则不易成活。克莎尼斯曾用长0.1毫米的茎尖脱去A病毒、S病毒和X病毒。尤拉等也用长0.2毫米的茎尖将S病毒和X病毒脱除。阿克梯诺成功地用含有2个叶原基的长0.2毫米的茎尖脱除了A病毒、M病毒、S病毒、PLRV病毒和Y病毒。上述事例说明，切取长度在0.1~0.3毫米并有1~2个叶原基的马铃薯茎尖有较好的脱毒效果。若切取的茎尖小，又不含叶原基，那么在培养时就容易产生愈伤组织。应特别注意，从愈伤组织中分化出的苗，常常会变异。

三、脱毒苗的快速组培繁育

马铃薯脱毒繁育首先要做的是试管苗快速扩繁，只有繁育出足量的试管苗，才有可能生产出大量的脱毒微型小薯。通常试管苗扩繁使用简易 MS 培养基，15～20 天扩转一次，扩繁倍数约为 1∶5。可以在扩繁的最后一次使用液体培养基培养茎段，这样不但方便移栽，还能减少成本，大大提高了工作效率。在扩繁时，由于操作及其他一些原因，可能会被病菌病毒侵染而产生退化，因此要及时抽检病毒。只有再一次进行茎尖脱毒，才可以重新使茎尖繁茂地生长。

第四节 微型薯的脱毒繁育

一、脱毒微型薯的常规繁育

微型薯又称为试管薯，是直接由试管苗长出的“气生”薯（即直接从叶腋中长出的小块茎）。在无菌设备以及一定的培养条件下，试管薯可以周年生产，还不用考虑病毒侵染问题。微型薯的优点是既方便种质资源的保存与交流，又能当做繁殖原原种的基础材料，收入良种繁育系统；其缺点是薯块个头太小，要在网棚中扩繁一次，无法直接进行大田生产。

（一）生产微型薯必要的条件

1. 黑暗培养室

培养室的大小可以依据试管薯的生产量和生产单位来进一步确定。比如，20 立方米的黑暗培养室里应有换气扇、空调、培养瓶摆放架，房顶要有照明用日光灯、消毒杀菌用紫外灯以及检查时要用到的绿色安全等设施。

2. 低温贮藏室

可在 200 吨的贮藏窖里选一个 8 立方米的小窖来贮藏试管薯，将贮藏架放于窖内，用塑料保鲜盒存放试管薯，为了方便取试管薯，给每个保鲜盒、试管架都分别编号。

（二）微型薯生产的主要技术要点

1. 母株培养

为了诱导结薯时方便地更换培养基，用液体培养基培养，常用的培养基是 MS 液体+0.5% 的活性炭。以下是具体操作：

（1）装瓶　分别在干净的三角瓶（小型果酱瓶也可）里放入配好的培养基，每瓶 6～8 毫升，然后用封口膜进行封口，并放到消毒室等待消毒。

（2）高压消毒　在高压灭菌锅里放入三角瓶，在 120～124℃温度下加热 20 分钟，停止加热 20～30 分钟后取出三角瓶，冷却备用。

（3）剪切试管苗　将试管苗的基部、顶芽在无菌环境中（超净工作台）剪掉，剪成有4～6个节或叶片的茎段，放在消完毒待用的三角瓶中，每瓶放5～6个茎段，仍用封口膜封口。可以将剪掉的顶芽接入另一三角瓶中进行培养，每瓶放5～6个顶芽，这对瓶内苗的同步生长有利，然后将苗瓶拿到组培室培养。由于采用浅层液体静止培养，因此接种时要细心接放试管苗茎段，为防止培养液浸没茎段而使其窒息死亡，要小心操作，尽量不要有强烈运动。

（4）苗瓶管理　放苗瓶的组培室的要求是湿度75%～80%，日温22～25℃，夜温15～19℃，1天光照不少于16个小时，光照强度为2000～3000勒克斯。一旦发现有瓶子被污染，须马上移出培养室。25～30天后每个茎段的叶腋处长出的小苗有4～6片叶时，就会成为一株茎秆壮实、根部发达、叶色鲜艳的壮苗，这就是母株，此时便可以开始诱导结薯。

2. 诱导微型薯

如果生产试管薯的条件完备，一年四季都能进行。不过在二季作地区，夏季高温高湿时期温室或网室里的温度基本高于30℃，此时栽移或扦插试管苗都是不合适的。不过可以将试管苗的培养转入生产微型薯，就是在室内利用试管苗进行短光照暗培养处理，调整完培养基就可以对试管薯进行诱导。虽然试管薯非常小，但是能代替试管苗栽培，另外生产出的是和试管苗质量相当的无病毒薯块。这样在二季作地区就能将试管苗培养和试管薯生产结合在一起，轮流进行。一整年连续地生产试管薯、试管苗，十分有助于加速无毒种薯的生产。

国际马铃薯中心诱导试管薯的经验显示，开始依然用 MS 培养基生产脱毒苗，然后分两步诱导微型薯。

首先，培育健康的试管苗。越是粗壮的试管苗，结出的试管薯越大。在绝对遮光条件下生长的暗培养植株无法进行光合作用，而是将试管苗本身贮存的养分转为小块茎。培养壮苗时切除脱毒苗的基部和顶部，在液体培养基中培养长到 3～4 节的茎段。液体培养基的成分为 MS、6-苄基腺嘌呤 0.5 毫克/升、赤霉素 0.4 毫克/升、2.5% 蔗糖，或者是 MS、6-苄基腺嘌呤 1 毫克/升、0.15% 活性炭、萘乙酸 0.1 毫克/升以及 3% 蔗糖，这两种配方都不要加琼脂，在三角瓶里进行浅层液体静止培养。培养室温度在 20～25℃，每天光照 16 小时，光照度要高于 2000 勒克斯。3 天后茎段就能长出腋芽，约过 4 周，瓶里会长满小苗，这时就能进行暗培养。

其次，可在生长箱中诱导试管薯的暗培养，也可在有空调的暗室或用黑膜特制的隔离间进行。暗培养使用的培养基的成分为：MS、6-苄基腺嘌呤 5 毫克/升、矮壮素 500 毫克/升和 8% 蔗糖，或者再加入 0.5% 活性炭。氢离子浓度是 1585 纳摩尔/升（pH 值为 5.8）。

为避免受到污染，暗培养过程中更换培养基要在无菌室进行，倒掉原液培养基，将诱导培养基倒进去。封口后放入暗培养室中培养。保证暗培养室的温度在 18～20℃，通常培养 5 天就会出现试管薯。过 8 周就可以收获。将 4～5 个茎段放在 250 毫升的三角瓶里，每瓶可生产 30～60 个微型薯。微型薯由腋芽形成，结薯的数量、薯块的大小、苗的健壮程度与品种相关。通常微型薯的直径为5~6毫米，大者7~8毫米，小者3毫米；每块约重60~90毫克，小者40~50毫克，大者超过50毫克。早熟品种的微型薯休眠时间比大田生产的块茎多30~45天。国际马铃薯中心报道称，将收获的微型薯贮存在4℃环境中，全黑暗培养的薯块的平均自然休眠期约为210天，而经8小时光照处理的微型薯的平均自然休眠期是60天，不同品种差异很大。

3. 收获微型薯

在收获试管薯时应该用自来水洗3~5次直到黏在试管薯上的培养基完全干净，将洗净的试管薯置于散射光条件下，干燥后再贮藏。在操作时要轻拿轻放，以防止撞伤薯皮。由于试管薯的诱导培养基含很多糖，试管薯收获之后脱离了无菌环境，细菌、真菌很容易侵染，而洗净黏在试管薯上的培养基，可以减少感染，防止试管薯发生烂薯现象。

4. 贮藏微型薯

将保鲜盒编上号码并放入干燥的试管里，然后放到窖里面的贮藏架上，保持窖内温度3~4℃。如果生产的试管薯量不多，也可以保存在冰箱的冷藏室内，这样能保证4℃的贮藏温度。

（三）马铃薯微型薯栽培技术

通过诱导试管苗叶腋而生成的小块茎就是试管薯，直径通常为2~10毫米，重约0.5克。试管薯有大种薯的生长特性，可以发育成健壮的植株。试管薯在繁殖期间杜绝了外来病菌的再次侵染，使脱毒种薯的种性得到提高，增产潜力很大，所以实用价值非常大。试管薯体积小、营养少，有严格的生长发育的环境条件，应当提前培育壮苗，精细整地，保证墒情，进行科学管理，这是栽培试管薯的关键。

1. 整地施肥

合理施肥，精细整地。在整地的时候要进行深耕，使土壤变疏松，一亩地施5000～6000千克的农家肥、50千克磷酸二铵、50千克硫酸钾和500克防治地下害虫的辛硫磷，耱细耙平。

2. 薯床培育壮苗

（1）催芽　试管薯有较长的休眠期，为保证出苗整齐，应在育苗前40天从贮藏室将试管薯取出，用0.5～1毫克/升的赤霉素浸种，10分钟后捞出晾干，放在18～20℃环境中催芽，当小芽长到2～7厘米，已形成根原基、叶原基和匍匐茎原基时开始育苗，此种试管薯出苗快、根系发达、生长健壮。

（2）育苗　在合适的气温下于网室里进行育苗，按比例把草土灰、泥炭土、蛭石、硫酸钾、硝酸磷和适量多菌灵混合，制成营养基质，放进苗盘（60厘米×24厘米×6厘米）里，保持5厘米的厚度，水要浇透，水渗进去后，将试管薯以2.4厘米×6厘米的行距摆于苗盘里，盖厚度为1厘米的营养基质，轻浇水，建小拱棚，上覆膜，确保苗床内高温高湿，以尽可能使苗出全。

（3）苗期管理　播种之后，白天将苗床温度控制在25～28℃，晚上在15～18℃，超过80%试管薯出苗后，白天开始通风，先从背风一侧的苗床中央通小风，然后逐渐过渡到在两侧通大风。为了培育壮苗，要少浇水、轻浇水，见干见湿地浇，在苗高5～6厘米，有4～5个叶片时准备定植。定植前3～4天揭掉薄膜炼苗，以便其植后可以适应网室环境，快速生长。

3. 网室移栽定植

（1）移栽定植　通常在晚霜后的5月中下旬，地温有6～8℃就能移栽定植。将尼龙纱网铺在整平的土地上，在纱网上铺厚为7～8厘米的营养基质，将水浇透，定植行距为20～25厘米，株距为10～15厘米，将苗压实、轻度浇水，因为蛭石有较大的孔隙，水蒸发得快，因此在苗还没有成活的时候，晴天10：30至15：00应挂遮阳网，以降温保湿，提高移栽成活率。

（2）管理　苗刚成活的时候很弱小，应当细心护理，调节温湿度，定时清除杂草，促进其生长发育，苗不断长高后，要分次培土（蛭石），每次培土埋1～2个节间，总共培3～4次，使结薯层次得到增加。依据苗情合理追肥，地下块茎在6月下旬开始膨大，每过7～10天施1次肥，可用0.5%的磷酸二氢钾和1.5%尿素溶液进行叶面喷施4～5次，来满足植株的需肥量，避免植株早衰。

4. 化学调控

植株在7月上旬生长很快，这时可以施用多效唑防止植株徒长，每亩用15%多效唑可湿性粉剂60克对65千克水喷洒叶片，控制地上植株茎叶的生长，使地上部分的光合产物迅速朝地下块茎转移，以使块茎膨大，增加产量。

5. 防治病虫害

在移栽成活后的20多天，应当防止发生早、晚疫病和蚊虱类害虫、蚜虫，一旦发现有中心病株，要立刻拔除并放进塑料袋带出网室进行深埋。

6. 适时收获

为了减少病毒侵害，提高使用价值，可以适时提前收获，收获期是茎叶开始泛黄时。在收获后，放在温度为 10 ~ 15℃、空气相对湿度为 60% ~70% 的环境中，5 ~7 天后，开始分级整理，装袋贮藏。

二、脱毒微型薯的工厂化生产

（一）生产设备

要在试管苗快速繁殖的基础上进行试管薯工厂化生产，除了要有试管苗生产设备外，还要加一间低温贮藏室、一间黑暗培养室。

（1）黑暗培养室　其大小根据试管薯的产量决定。年产约 50 万粒试管薯的工厂，通常用约 10 平方米的培养室就够了。室内要有空调和货物贮藏架，房顶安装照明用日光灯和检查时要用到的安全灯。培养室保持 16 ~20℃，保证通风透气，以便形成大薯。

（2）低温贮藏库　此库有 3 平方米，里面放有多层贮藏架，还要配有用于存放试管薯的塑料保鲜盒，贮藏架和各层保鲜盒都要编号，以利于取试管薯时查找。

（二）试管薯生产工艺流程

对试管苗进行脱毒→筛选试管苗株系（将弱株系淘汰）→培养母株 25 天（使用液体培养基）→换入诱导结薯培养基→诱导匍匐茎 2 天（光照培养）→收集并贮藏→应用。

（三）工艺要点

（1）筛选试管苗　要挑选生长势好、薯块大且结薯时间早的茎尖无性系试管苗。

（2）培养健壮的试管苗　培养茎粗壮、根系发达、叶色浓绿的健壮试管苗，才能收获优质高产的试管薯。培养出健壮母株的基础是选择适合的壮苗培养基，将 0.15% ~0.5% 的活性炭加入培养基，可以使细弱的试管苗复壮，植物生长调节剂可促进形成壮苗。调整培养基的成分，可以促进形成健壮的试管苗。根据报道，将 1 毫克/升多效唑、0.7 毫克/升赤霉素和 0.2 毫克/升 6-苄基腺嘌呤加入 MS 培养基，可以得到健壮的马铃薯试管苗。

（3）试管薯母株培养　去掉有 1 ~2 个茎节的试管苗的顶芽，然后小心接种于液体培养基上，试管苗茎段浮在培养基表面静止培养，切勿振动培养基，以防培养液淹没茎段导致茎段窒息。过 3 ~4 周，每个茎段长成有 5 ~7 节的粗壮苗，此时，放到诱导结薯培养基中。培养母株要求培养室温度白天为 23 ~27℃，夜间为 16 ~20℃，每天光照 16 小时，光强度 2000 勒克斯。为了方便气体交换、形成壮苗，要选择透气性好的培养瓶瓶塞。每瓶 100 ~250 毫升的培养瓶装 15 ~25 株。培养母株通常要 25 天。

（4）适合试管薯诱导的培养基　国际马铃薯中心建议使用的

培养基是：MS+6-苄基腺嘌呤5毫克/升+蔗糖8%+矮壮素500毫克/升。其中试管薯诱导过程中必不可少的条件是高浓度的蔗糖（6%～10%），因为蔗糖可以调节渗透压，还能提供足量的形成块茎时需要的碳源。

（5）诱导结薯培养　在超净工作台上去除壮苗的培养基，然后换入试管薯诱导培养基，为促使形成匍匐茎，在光照条件下培养两天，然后转到黑暗环境中培养诱导结薯。经过3～4天，试管内开始形成试管薯。黑暗培养温度为16～20℃，要保证暗室的空气流通，使块茎发育。

（四）防治病虫害

生产微型薯的时候容易出现晚疫病，其高发期是阴雨天气，可用瑞毒霉药剂进行预防。

为防止进入蚜虫，每隔固定时间喷1次抗蚜威溶液，也可用40%乐果乳剂2000倍稀释液喷雾防治蚜虫。

（五）及时收获

马铃薯种苗在扦插苗生长45～60天之后进入生育后期，这时种苗发黄，营养生长变慢，因此停止供应营养液和水分，以使薯皮老化，待茎叶变黄时就能收获。收获时先拔起植株，摘下微型薯，而后筛掉苗床中的基质，收获所有薯块。每次每平方米可以收400～500粒。一年可生产4～5批，共收1600～2000粒微型薯，每亩年产80万～100万粒。

（六）贮藏及催芽

新收微型薯含较多水分，要在阴凉处晾干，按照10克以上、5～10克、1～5克和1克以下分为4个级别，装到布袋、尼龙袋等透气的容器中，分别贮藏。

微型薯在收获后进入休眠状态。其休眠时间因品种不同而不同，通常为110天。如果在贮藏期发现微型薯萌芽，应从容器中将微型薯取出，在室内摊开，用散射光控制芽徒长。在贮藏过程中，为了让微型薯均匀受光，要进行几次倒翻。也可以在4℃的环境中贮藏微型薯，在种植前1～2个月取出来，在室温下使其萌芽。用低浓度的赤霉素溶液处理微型薯，可以打破其休眠。可以用10～20毫克/升的赤霉素浸泡新收微型薯5～10分钟，可以加速微型薯的发芽。

三、脱毒微型薯的雾培繁育

20世纪60年代末期，雾培技术第1次在园艺作物栽培上研究成功。1988年美国的Boersig等最先将此技术用于马铃薯种薯的繁殖。韩国的Kang在1996年第一次做了成功的报道，他们将改良的雾培方式和深液流、浅液流两种无土栽培方式做了比较试验，结果显示，无论是深液流还是浅液流，其匍匐茎的生长都远不如雾培，块茎也不如雾培长得快。现在，对雾培微型种薯的研究走在世界前沿的是韩国，单株微型小薯可产80～100粒。国内有关雾培微型种薯繁殖的研究从20世纪90年代末开始，尹作全等在1999年首先做了报道，不管是根系发生、匍匐茎形成，还是结薯数量，雾培微型种薯繁殖都比无土基质栽培有很大优势，微型种薯繁殖系数提高约20倍，产量超过5倍。之后我国开始大量研究微型种薯雾培繁殖技术，还应用在了生产中。

马铃薯脱毒微型薯雾培技术通过营养液定时喷雾，使植株根系在黑暗、无基质环境中获得生长用到的养分、水分。此法可在保护植株的同时，人为调节马铃薯生育需要的条件，以便植株快速生长，可大幅度提高繁殖效率，还能依据所需种薯的规格，随时采收达到标准的块茎。此栽培方式不但能解决生产马铃薯原原种时遇到的气候和地域问题，还能实现周年生产，是目前马铃薯脱毒种薯生产领域具有很高研究价值和发展潜力的一项生产技术。

（一）雾培生产设备的调试和准备

1. 生产设备的安装与调试

雾化喷头、栽培槽、定时器、水泵、压力表、电磁阀、过滤系统、流量计、贮液池和输液管道构成了完整的雾培装置。各地依据不同的环境条件进行建设。安装完整个设施设备后，必要运行整个系统，以确保有个稳定的生产过程。

2. 栽培设施的灭菌消毒

定植前要将雾化设施和生产线彻底消毒灭菌。消毒灭菌的范围是：营养液池、进水及回水管道、支撑薯苗用的海绵、栽培及收获用具、结薯箱及盖、避光用的黑膜以及温室环境等。灭菌消毒的方法是：首先清除箱体和营养液池里的残留物，尤其是箱体内前茬留下的残枝败叶，要在保护地之外烧毁或深埋；然后清除所有可能带病的位于保护地周围的东西，将清水放入营养液池内，开动防腐泵清洗箱体及流水线；最后用0.1%的高锰酸钾溶液喷雾或浸泡30分，再用20毫克/升的农用链霉素溶液泡24小时或喷液，用速克灵烟雾剂在定植前2天熏蒸温室，时间约为8小时。

（二）育苗

1. 试管苗移栽

锻炼过的试管苗可利用育苗盘在温室移栽，盘内营养基质厚6～8厘米，按5厘米的间距开浅沟，高度小于4厘米的苗可以直接栽入，高度大于5厘米的苗分成两段，使每个茎段上有超过3个茎节，深栽大苗，浅栽小苗，埋土后露出土表1～2茎节，育苗密度为5.0厘米×2.5厘米。栽入后使用出水量较少的细眼喷壶浇在室内困过1天的水，然后在育苗盘上扣高25～30厘米塑料地膜，用以保湿。

2. 育苗管理

定植时，脱毒苗苗龄的大小、生长状态对植株的生长、产量的形成影响较大，培养适龄壮苗是育苗期间的管理重点。移栽的试管苗较细，新根系长出来之前要求的空气湿度较高。另外，冬季育苗还要适当提高温度，以便缓苗发根，栽后覆盖地膜拱棚就能起到保湿、增温的作用。夏季育苗与冬季不同，太高的气温对同化产物的积累不利，会影响成活率，因此要降温，常用方法有通风和遮阴。

育苗期白天的适宜气温是20～28℃，夜晚是8～19℃。依据实际情况，白天将温度控制在20～30℃，晚上10～15℃。对幼苗生长没有显著的不良影响。在光照管理方面，冬季育苗不用遮阴，夏季则早、晚均可见光。要在中午前后进行遮阴，以降低温度，合理延长光照对幼苗发根和生长有好处。通常冬夏两季育苗在栽后第2天，土表上的茎节就能长出气生根，依据幼苗的生长情形，在以后第3～4天于拱棚一端开一个通风用的小口，然后每天加大一点，使其慢慢适应温室的环境，直到栽后第6天幼苗成活时将拱棚撤掉。从幼苗成活到定植这一段时间，为了加速生长，培养壮苗，遵循施肥控水的原则。通常营养基质育苗不用追肥，只要定时浇水就行。要控制在水分管理，预防幼苗徒长，但不能太缺水，要使营养基质处于潮湿状态。当育苗苗龄在20～25天的时候，就可以进行定植。

（三）雾培定植及雾培生产期管理

1. 雾培定植

雾培定植的适宜秧苗苗龄是20～25天，株高约10厘米。苗龄不足和植株矮小的苗，发棵迟、生长缓慢、结薯晚、产量少。植株、苗龄过大的苗，不但起苗之后损伤根系，定植后易萌发腋芽薯，而且其在育苗期间形成的匍匐茎已开始结薯。在栽培时，植株的同化产物供应薯块，抑制了匍匐茎的形成和根系的生长，对植株的发棵、结薯均造成影响。所以，定植时的苗株要大小适宜。植株在雾培条件下是否容易产生腋芽薯，不同品种有较大差异，在栽培管理时尤其注意。

为了不使植株太脆嫩，在起苗时伤苗，要在定植前三天停止对薯苗进行浇水。定植前在室内洒水，增加空气湿度，还要覆盖遮阳网，预防强光和高温。薯苗起出后用水将根部的营养土洗净，将个别植株上的小块茎摘掉，在栽培板面上留 3 叶 1 心或者 4 叶 1 心，1 个定植孔植入 1 株，并根据每个栽培槽的可定植苗数，在其一端定植双株，多备几株补栽用苗。定植时要随起随栽，若一时栽不完，就用湿毛巾盖住，以防失去水分。

2. 生产期的管理

（1）剪切匍匐茎茎尖加快结薯数量的增加　根据结薯箱可随时打开的客观条件，选择比较粗壮的匍匐茎，剪掉顶端 1 ~ 2 厘米，诱使萌发 1 ~ 3 条新匍匐茎，可以提高单株结薯量，不过剪后生长的匍匐茎比原来的细弱，小薯也较小，因此下一步应重点提高小薯质量。

（2）喷施矮化剂促进生长与生殖　假如控制不好生长平衡，植株开始徒长，可以喷缩节胺、B9 或多效唑等矮化剂，结薯后期同时喷 0.3% ~ 0.5% 的磷酸二氢钾和 1500 倍的多效唑，可使营养往下运输速度加快，缩短膨大天数，提高产量、质量，有较好的效果。

（3）适宜的温度、光照管理保证薯苗正常生长结薯　马铃薯的最适生长温度为 7 ~ 21℃，最适宜进行光合作用的温度为 16 ~ 20℃，形成小薯的最佳温度是 15 ~ 18℃，如果高于 21℃，加快营养生长，匍匐茎生长快，抑制小薯生长，小薯形状就会不整齐，颜色也不佳。通常幼苗期的温度白天是 18 ~ 20℃，夜晚是 15 ~ 18℃，光照时间 12 ~ 14 小时，光照度约为 30000 勒克斯；发棵期温度白天是 18 ~ 25℃，夜晚是 15 ~ 18℃，光照时间 12 ~ 14 小时，光照度30000～40000勒克斯；膨大期温度白天为20～25℃，晚上最佳为13～14℃，光照时间8小时，光照度30000～40000勒克斯。要适当启动通风、供暖和光照设施，创造适宜的温度条件，使薯苗能正常生长。

（四）营养液管理

作为雾培管理的重要工作，营养液管理包含配方管理及使用管理。从定植开始脱毒苗就会从营养液中获得水分、养分，其组成比例与使用管理对植株的生长发育、产量有直接影响，甚至决定了雾培的成败。

1. 配方管理

配方中要有比较大的钾氮比，因为马铃薯喜钾多。现蕾前茎叶生长是中心，氮占的比例稍大些；现蕾后结薯是中心，磷、钾比要相对高些。因为各地的水质差别很大，所以确定配方后应先进行试验，或者和成功配方相比较，然后再用作生产。

2. 浓度管理

马铃薯使用约0.2%的盐分浓度比较适宜。据此，将营养液的配方浓度定为0.21%。在不同的生育阶段选用不同的浓度：定植浓度为配方的1/3，还要加入0.2毫克/升的NASA，以促使幼苗发根。随着幼苗的长大和根系的增多，营养液浓度可逐渐由1/3增加到1/2、2/3，每种浓度可使用5～7天，最后到达标准配方的浓度。培养季节不同，营养液的浓度管理也多有不同，春茬栽培后期（夏季），因为气温不断升高，植株吸水量变多，为防止营养液浓度变高，可使用配方浓度的5/6。营养液浓度改变的只是大量元素，不改变微量元素的用量，这是为了防止引起微量元素缺乏症。

3. 酸碱度管理

在雾培条件下，马铃薯的适宜 pH 值为 5.5～6.5，这个范围内的营养液中各种营养成分有较高的有效性。pH 值不论是太高还是太低，都会改变盐类溶解度，降低某些元素的有效性，以至于影响植株的吸收。如 pH 值低于 5.5 会使钙沉淀，配制营养液时可以看到溶液为乳白色浑浊状态，若 pH 值的范围正常，营养液会是澄清透明的。可以使用氢氧化钾和硫酸调节 pH 值，具体做法是：取一定量的营养液，逐滴加入浓度已知的酸或碱，pH 值满足要求后，依据用量计算全部营养液要用多少酸或碱。配制营养液时控制 pH 值约为 6，使用中其变化幅度在 0.5 以内，可不必调整。

4. 营养液的供给及间歇

营养液供应时间的长短，要考虑的因素有薯苗大小、温度高低、有多少根系、光照强度、昼夜变化和天气阴晴等，既要适于薯苗生长，还要经济合理，防止因无谓消耗产生浪费。通常情况下，温度低、薯苗小时，宜短时间供应；反之亦然。薯苗根系数量多时，可对应地减少供应时间；反之，则要适当加长。在温度白天为 18～22℃、夜间 14～17℃的情况下，供应暂停时间是白天 10 分钟、夜晚 40～50 分钟，此条件下产生的商品薯的量比白天暂停 3 分钟、夜晚暂停 20 分钟的要高很多，而且还减少了烂薯现象。

（五）病虫害的例行预防

1. 预防虫害

繁育脱毒良种最开始的播种材料是由雾培法生产的脱毒微型薯，应在封闭、防虫条件下生产，还需严格防止病毒的再次侵染。蚜虫不仅是马铃薯病毒的主要传播媒介，还是雾培生产中容易产生的虫害。另外，潜叶蝇、白粉虱和螨类等比较容易出现，其中不能确定潜叶蝇是否传播病毒，其余两种均能传播病毒。为保证原种质量，整个生育期间都要定期打药，例行预防工作，使植株在整个生育期都不受蚜虫的危害。

可根据外界蚜虫发生时间预防蚜虫，在整个生育期，每7～20天喷施1次杀虫剂。轮换使用成分不一样的药剂，可选用的药剂有绿定保、一遍净、杜邦万灵和敌敌畏烟剂。

可在春末至晚秋这一易发时期预防螨类、白粉虱和潜叶蝇，混合或交替使用预防药剂与防蚜药剂。因为这种害虫世代重叠，一个时期存在多种害虫，现在还没有对各种害虫都有效的药剂，所以一旦出现病害，必须连续用药，通常每隔1～2天施1次药，交替使用水剂和烟剂，直到杀干净。可使用的杀虫剂有敌敌畏烟剂、阿威力达等。

2. 病害预防

马铃薯雾培生产时主要有晚疫病、猝倒病和软腐病等易发病害，防止病害发生的关键是做好预防工作。

晚疫病的发生时期是秋茬夏季育苗到秋茬定植初期。从育苗成活到定植后的30天里，每半个月打1次药，还要交替使用成分不同的药剂。可选用药剂有克露、福美双、科佳、甲霜灵锰锌和杀毒矾等。

猝倒病发生的时期是秋茬夏季育苗期，病原菌经过土壤进行传播。对育苗基质进行消毒，差不多能够杜绝该病的发生。猝倒病是真菌性病害，在育苗期间喷的预防晚疫病的药剂，同时也能预防猝倒病，通常不用再打药。

软腐病发生的时期是种薯的采收期，常在气温和营养液温度较高时发生，发病最重的时期是春茬采收后期，主要危害匍匐茎和块茎，还易从块茎的皮孔及匍匐茎的伤口处侵入。病原菌跟随着营养液循环，传播非常迅速，只要发病就很难控制。所以在种薯的采收期特别是气温和营养液温较高时，应认真检查，一定要除净栽培槽内与植株脱离的残体，只要发现块茎、匍匐茎有溃烂的倾向，马上要施药。可用药剂有链霉素，每毫升营养液中加入10毫克即可。使用这种用药方式和浓度，基本可以杜绝病害的发生。

（六）收获

春茬定植后约45天、秋茬定植后约55天就进入了种薯采收期。开始采收的早晚除茬次不同外，同茬内基本没有品种和熟性的差别。分次收获种薯，要根据要求确定采收标准，只要薯块经目测能达到重量标准，就要及时采。采收时应当小心操作，尽可能不伤害匍匐茎和没达到标准的薯块，碰掉的也应当时捡出，以免腐烂后污染营养液。

采收的种薯含水量大，薯皮很嫩，不耐贮，要在散射光或室温条件下平铺一层块茎，晾晒约7天，待薯块变绿、薯皮木栓化后，再根据播种时期的需要，进行常温贮藏或冷藏。

第五节 种薯的脱毒繁育

一、各级脱毒种薯的生产

各级种薯生产的基础就是脱毒苗。脱毒苗已经脱尽所有病毒，在脱毒种薯继代扩繁时，应当通过有效途径，防止病毒的再次侵染。

1. 脱毒原原种生产

在气温相对较低的地方建防虫网棚或温室，繁殖材料用脱毒苗和微型种薯，来生产脱毒原原种。生产过程中要去劣、去杂、去病株。此条件下生产的块茎叫做脱毒原原种，按照代数应成为当代。

2. 脱毒原种生产

在海拔高、纬度高、温度低和风速大的地区，与毒源作物有一定距离作为隔离区，减少一些传毒媒介，另外因为风速大而无法使传毒媒介落下，与此同时要按时喷杀虫剂。将原原种作为繁殖材料，必须完全去杂、去劣、去病株。如此生产的块茎，叫做脱毒原种，按代数算是一代。原原种、原种称为基础种薯。

3. 脱毒一级种薯生产

在纬度和海拔相对高、气候较冷、风速较大和传毒媒介少、与毒源作物有隔离条件的地方，用原种作为繁殖材料，生产种薯。在生长季节打药防蚜，去杂、去劣、去病株。如此生产的块茎叫做脱毒一级种薯，依照代数算就是二代。

4. 脱毒二、三级种薯生产

在地势较高、气候冷凉、风速较大、有一定隔离条件的地块，将脱毒一级种薯或二级种薯作为繁殖材料，生产种薯。生产过程中应当尽快灭蚜，去劣、去杂、去病株。如此生产的块茎，叫做脱毒二级种薯或脱毒三级种薯，依照代数算应当分别是三代和四代。以上三个级别的种薯分别是合格种薯、二级种薯和三级种薯，能直接生产大田品种，生产的块茎不可以作为种薯应用。

现在，因为组织培养需要的设备、设施及药品的价格昂贵，使用试管苗剪顶扦插在基质中快速繁殖微型薯原原种，虽然能节约成本，但如果要直接投入生产中，农民依然无法承受。另外，由于生产需要大量种薯，必须用微型薯原原种，在防止病毒和其他病原菌再侵染的条件下，建立良种繁育系统，为生产供应健康种薯。

二、脱毒原种的繁育

（一）选择原种生产田

要选择纬度高、海拔高、气候冷凉、风速大、交通便利、具备良好防虫防病隔离条件且便于调种的地区作为原种繁殖基地。在没有隔离设施的条件下，原种生产田和其他级别的马铃薯、十字花科及茄科、桃园之间应保持至少5000米的距离。如果原种田隔离条件较差，要将种薯田设在其他寄主作物的上风头，尽最大能力减少有翅蚜虫在种薯田降落的机会。

要选择土壤松软、肥力优良且排水良好的地块作为原种田。原种田最好有3年以上未种植过茄科作物。

（二）播种

因为微型薯顶土力弱，所以播种之前要精细整地，深耕细耙，打碎土块。播种前人工造墒，以保证耕层土壤在播种到出苗期间有适量水分。在播种完后浇小水也可以。在播种深度上，通常依据的原则是：秋作宜浅不宜深，春作宜深不宜浅；沙土宜深不宜浅，黏土宜浅不宜深；水浇地宜浅不宜深，旱地宜深不宜浅。播种的时候开沟要深，覆土要浅。开沟深度为10～13厘米。覆土厚度根据微型薯大小来定，通常情况下，重量低于3克的微型薯，其覆土厚度不要多于5厘米；重量在3～10克的微型薯，其覆土厚度为6～8厘米；重量大于10克的微型薯，其覆土厚度为 11 ~ 12 厘米。种薯生产宜通过增加种植密度来增加结薯数，提高繁殖系数。

（三）田间管理

在大田种植时，因为微型薯种薯的营养体不大，前期生长慢，生于中期接近正常，后期结薯可达到大种薯的产量。所以要加强前期管理，做到早除草、早中耕、早培土，从苗期至现蕾期完成 2 次中耕培土，促使形成块茎，防止产生空心薯和畸形薯。要早追肥，全部磷肥用作种肥或底肥，苗期、花期和后期均以钾、氮肥为主。合理适时灌水，将田间土壤持水量保持在 65% ~ 75%，促使长成壮苗；从开花至收获，完成 2 ~ 3 次拔除杂株、病株和可疑株（包含地下株）的工作。

通常原种田从出苗后 3 ~ 4 周就开始喷杀菌剂，每周 1 次，直到收获。同时，要依据实际情况喷施杀虫剂来预防蚜虫、其他地上或地下害虫。害虫不但会影响马铃薯的植株生长，还能传播病毒，降低种薯质量，相比而言，后者的危害更大。

一季作区在进行原种繁殖时，要尽可能早种早收。覆膜早播和播种前催芽等早熟栽培方法能够促进植株及早形成成龄抗性，减少病毒感染，降低体内病毒的运转速度。使用灭秧方法早收留种能降低病毒转移到块茎的可能性。国内外研究结果显示，通常认为有翅蚜虫在迁飞后 10 ~ 15 天灭秧，可以有效阻止蚜虫所传播的病毒向块茎中转移。中原二作区使用网纱隔离或早春阳畦繁殖，都能防止蚜虫迁飞和传毒，极大提高种薯的质量。

三、脱毒良种的繁育

良种来自于原种。良种繁育要注意：

①做好时间隔离工作，使用种薯催芽、覆盖地膜等措施，以便早出苗、早结薯、早收获，另外还能提前割秧，防止蚜虫为害。

②做好空间隔离工作，繁种基地要选择适合、绝对安全的。通常种薯基地应当和茄科作物之间设置距离超过 800 米的隔离带。

③2 年进行 1 次轮作。

④种植密度要增大，种薯繁育应当在单位面积上收获的薯块量大，而不是每一块重量大，适宜种植密度为 5000 ~ 6000 株/亩。

⑤提倡播种小种薯，这样刀切对病毒交叉感染的现象就能得到缓解。如果切块播种，薯块的重量要超过 30 克，而且还要用药剂拌种，通常可用药剂有甲基托布津、滑石粉。

⑥尽快拔除病株，使病毒的侵染源变少。

⑦病虫害的防治方法和原种的一样。

四、种薯生产的检验与分级

保证脱毒马铃薯质量的一项基本措施就是种薯的检验与分级。种薯分级的基础就是种薯检验。种薯的分级有固定的标准，与哪一标准相符，就属于哪个级别。

(一) 种薯生产的检验

生产马铃薯种薯时的检查、检验可以保证种薯质量，主要包括以下三个方面：

(1) 检验种薯生产地块　质检部门在生产种薯工作还未开始时，要检验播种地块的病虫害情况。主要检验的病虫害包括瘤肿病、环腐病、萎蔫病、胞囊线虫以及甲虫等。只要存在一种病害，就不能用来种植种薯。另外，不可和茄科作物套作、间作或轮作，适宜前作多年生牧草、冬小麦、豆类——谷类混播等。

(2) 种薯生育期间的田间检验　通常是目测是否有蚜虫和植株的地上部位感染病毒的情况。依据各级种薯的成熟期决定何时进行田间检验。种薯的级别不同，检验次数也不同，级别高的检验次数就多。通常最少检验2次，第1次是植株有6~8片叶时，假如种薯有毒，病毒症状在这个时候能表现出来，因此能检查出种薯的优劣。第2次检查在花期，调查各地块病毒的种类、感染病毒的株数和感病程度，还要算出病情指数。是否按种薯繁殖操作规程生产种薯同样属于田间检验的范畴。

(3) 室内的病毒鉴定和块茎抽查　最多是用酶联免疫法检验脱毒试管苗、从田间采集的原原种和原种、易感病毒病和良种的样品以及没有按照要求提早灭秧的各级种薯。

（二）分级标准

收获各级种薯后，还要抽样检验块茎的质量，检验块茎的品种纯度、病虫害率、块茎的机械性、生理伤害性和含有多少杂质。把这个作为依据，来确定各级种薯的质量、等级。检验质量关要严，保证脱毒种薯的质量。

第三章
马铃薯的露地栽培

第一节 北方一季作区的露地栽培

（一）品种选择

要挑选经济性状、农艺性状均优良且抗病性较好的脱毒马铃薯品种。以当地气候条件为依据，根据市场需要、生产用途品种特性、和产业发展的需要，种植合适的品种；根据主要病害的发生情况，种植抗性强的品种，与栽培水平相结合，选择市场好、产量高、抗性强并且适合本地种植的品种。生产时要注意依据马铃薯的用途选择品种：食用品种要求丰产、中熟、薯块均匀、形状整齐且耐贮存。用得多的优良品种有高原品种系列、克新品种系列、虎头，比如东农 303。菜用型品种应当早熟或极早熟、块茎大、芽眼浅、保形度好、高产。常用品种有东农 303 和克新 4 号等。加工用品种主要用于加工淀粉，要求晚熟或中熟、含淀粉多、高产、皮白肉白以及耐贮存。若是用于油炸，则要含糖量要低。饲用品种多以次等的食用块茎为饲料，要求含蛋白质多、含龙葵素少、耐贮藏并且高产，现在还没有专门用作饲料的品种。选择优良的品种后还应当选择优良的种薯，优良种薯要满足以下条件：

①具备本品种的优良性状，没有混杂现象。

②种薯从良种繁育田中经规范程序选择而出。

③未被真菌、细菌病害和病毒感染。

④没有机械损伤。

⑤不含畸形薯。

⑥块茎重为40~50克。

⑦耐贮存，不易腐烂和过分萌芽，种薯不会因生理因素而有异常变化。

⑧有合适的生理年龄且有3~4个主茎的幼、壮龄种薯可以高产。

（二）深耕整地

马铃薯属地下结块茎作物，想要高产，就要保证土壤中有良好的水、肥、气、热等条件，土质疏松、通透。深耕整地可以有效调节土壤中的肥、水、气、热等。进行深耕的时间有春和秋。马铃薯地适合秋深耕，要结合秋施肥、冬汇地和三九磙地，播种之前多次精细耙耱，这样既能升高地温、加快土壤熟化，还可以提高土壤的保肥蓄水力和通透性。收获前茬作物后，及时深翻，通常翻地适宜深度为15~20厘米。有条件的地方入冬前要灌水蓄墒，还能显著防治病虫害。另外，在入冬前灌水也可防止早春灌水带来的低温影响。

机械化程度较高的黑龙江省近年来推广了深松耕法，利用机引深松铲，下松25~30厘米，上翻15~18厘米。事实证明，深耕整地是使马铃薯增产的重要举措。

（三）深施基肥和种肥

马铃薯高产喜肥，生产500千克块茎需要的氮、磷、钾的总量，比谷子、燕麦、玉米、高粱等要高一些。北方一季作区的大多数土壤里缺少腐殖质，氮、磷、钾等含量不足，满足不了马铃薯的生长需要。所以，增施适量化肥和有机肥料，是马铃薯增产的关键措施。

马铃薯要以施有机肥为主、化肥为辅；以基肥为主（约占需肥总量的4/5）、追肥为辅。有基肥、种肥和追肥三种施肥方法。

（1）基肥　优质有机肥的施用要与秋耕整地相结合。当基肥量足时，结合秋耕把1/2或2/3的有机肥施进耕作层，在播种时沟施剩余部分。基肥用量不足时，集中施进播种沟里。每公顷施用15～30吨。

（2）种肥　种肥多是化肥、农家肥，或由化肥与农家肥混合而成。当使用有机肥时，一定要腐熟细碎，顺播种沟条施或点施，再覆土。每公顷通常施15～22.5吨腐熟的猪粪或羊粪。当使用化肥时，最有效的是氮、磷、钾混合使用。如果混合施肥配比恰当，与单施磷酸二铵、尿素或硫酸钾相比约增产10%。比如，种肥配方为每公顷用75～150千克尿素、450～600千克过磷酸钙、375～750千克草木灰（375～450千克硫酸钾）；或者使用75千克尿素（或150千克碳酸氢铵）、105千克三料磷肥；或者75千克尿素（150千克碳酸氢铵也可）、300千克磷酸二铵，结合播种，条施或点施在两块种薯之间，再盖严覆土，都可达到少投资、高收入的经济目标。在施种肥时要施一些防治地下害虫的药。

（四）种薯处理

如果种薯不经处理，出窖后马上切芽、播种，就会使得出苗不整齐、缺苗、不健壮，还会延迟出苗时间。这是由于贮藏时马铃薯处于较低的温度环境，即使种薯过了休眠时间，但仍被迫处于休眠状态，如马上播入田间，出苗就会慢且不整齐，所以要对种薯进行处理。主要方法是打破休眠及催芽，一般还要对较大薯块的种薯进行切块。

（1）困薯、晒种　困薯和晒种主要有这些作用：使种薯体温升高，供给足量氧气，加快破除休眠，促使发芽，将病劣块茎淘汰，确保能整齐出苗。困薯的方法是用席子将出窖后严格挑选的种薯围起来，或将其装在麻袋、塑料网袋里，堆在屋里、仓库和日光温室里也可以，保持10～15℃温度范围，只要有散射光线就行。或者变温处理，就是先在4℃的环境下贮藏种薯2周或更久，然后在18～25℃温度下贮藏，直到发芽。如果3周后还未发芽，就可再次按以上方法作变温处理。也可使用赤霉素解除休眠，即用10毫克/升赤霉素浸种20～30分钟，或将赤霉素均匀地喷湿种薯，晾干后在18～25℃环境中，直至萌芽；也可以将0.2毫克/升的2，4-D和2毫克/升的赤霉素配成混合液，经过8小时浸种后晾干，再在约20℃的条件下直到发芽。困薯约有15天，当芽眼刚萌动有小白芽时，就能切芽播种，芽的适宜长度为0.5（机械播种）～1厘米（人工播种）。

（2）种薯切块　种薯切块后种植可以节约种薯，减少成本，还能解除休眠、促使发芽和出苗。不过如果方法不对，很容易使病害蔓延。一定要选择健康的种薯切块，大小要适中，如果生产技术水平较高、投入多，可切大一些；反之，可切小一些。通常以不小于20～30克为好。为方便控制密度，每个切块要有1～2个芽眼。单作种植量为2250千克/公顷，间套作为1500～1800千克/公顷。若种薯在切块时较小，要使用自薯顶至脐部的纵切法，将每个块茎切成2块或4块。尽量让每个切块都有顶部芽眼，以便最大限度利用块茎的顶端优势；如果种薯大，要从脐部开始切，按芽眼的排列顺序螺旋形向顶部斜切，最后再将顶部一分为二。如果切到病薯，要消毒切刀。通常使用的方法有：将切刀在放有少量盐的沸水中泡8～10分钟，或用75%酒精多次擦拭切刀，或将切刀在3%来苏儿水中浸泡5～10分钟。尽量随切随种，也可在播种前1～2天切块，为避免块茎失水，不能太早切块。稍微晾一下切好的薯块，就可以播种了。或者将切块与草木灰拌一下，尽早使伤口愈合，既防细菌感染，又具有种肥的作用。不过若是种在盐碱地中，就不能用草木灰拌种。此外，可以将4%～8%甲基托布津与滑石粉拌种或只用滑石粉拌种，可防止薯块腐烂。

（五）播种

（1）播种时期　适期播种马铃薯是获得高产的重要措施，播种期的确定要依据当地的气候条件。通常晚霜期结束之前的25～30天，地温保持在6～7℃时为播种适宜期。如果要覆盖地膜，可提前播种5～7天，能使地温升高2～3℃。人工种植可早播，机械种植可适当晚播。太早种植，出苗后会被晚霜危害，还有可能冻坏生长点，生长缓慢，减少产量。芽已催大的种薯可适时晚播，因为地温太低时播种，将长期无法出苗，块茎中的养分会集中到顶芽，使顶芽膨大，形成“梦生薯”，无法出苗。

（2）合理密植　单位面积株数乘以单株产量，就是马铃薯的产量因素，密度的确定要使群体产量与个体产量两个矛盾的因素协调统一。密度小，单株发育好、产量高，不过因为单位面积株数少，结薯就少，产量也就不会高。密度大，总株数多，不过单薯太小，同样产量低。从群体和个体协调发展的角度思考，在当前生产水平下，每亩种植3800～5500株马铃薯，每株有2～3个茎，每亩适宜总茎数为9000～12000个。株距为18～30厘米，行距为80～90厘米。

（3）播种方法　马铃薯属于中耕作物，块茎要在地表下膨大形成，因此适合垄作。东北地区、新疆维吾尔自治区的天山以北和宁夏回族自治区南部地区地势低洼、土壤黏重、阴湿高寒、生育期降水多，因此适合垄作。垄作播种依据种植后块茎在土层中的位置大约可分为三种方式：

第一种是播上垄，把种薯播在与地面相平处或是垄台上。在多涝害的地区或易涝地块应使用此法。

第二种是播下垄，将种薯播在垄沟里。多在春旱地区、岗地、高亢地块，或由于早熟导致较早收获且没有涝害的情况下，使用此法。第三种是平播后起垄，在前一年秋翻秋耙平整的地块上，通常可用此法，可分为播上垄和播下垄。当前内蒙古自治区东部和东北地区多使用双行播种机播种、覆土、施肥和起垄同时进行，有65厘米的行距。在我国西北、华北的多数地区，生育期间高温、少雨、多蒸发、缺乏灌溉条件，故多采用平作的栽培方式。以秋耕耙耱为基础，播种时开深度为10～15厘米的播种沟，点种、施肥然后覆土。行距通常约为50厘米，播后耱平保墒。

要根据土壤条件、气候和种薯大小决定覆土的厚度，既不可太深，也不可太浅，通常7～8厘米。小薯块当种在黏潮的土壤时应适当浅播；大薯块种在沙壤土上或春旱严重时，可适当厚播并与耱实结合，不过要小于14厘米。

（六）田间管理

田间管理是使马铃薯正常生长发育并高产的基础环节，应依据马铃薯的生长状况、生育阶段的特点以及气候因素等科学管理。水肥管理是马铃薯田间管理中很重要的一方面。应当及时对苗进行追肥、看苗施肥、轻追蕾肥；时常清沟排渍；中耕培土与追肥同时进行；及时拔掉病苗，及时除草；严格预防病虫害。地老虎易导致缺苗断垄，是苗期最主要的害虫；晚疫病是中后期主要的病虫害；青枯病容易在高温时出现。

（1）发芽期管理　北方一季作区的马铃薯从播种到幼苗出土约需30天。这期间温度慢慢升高，土壤中的水分很快就会蒸发、土壤易板结，很多杂草出现，要依据具体的情形，采取对应的出苗前管理措施。此期要及时松土，以保墒除草。如果土壤特别干旱，要浇小水来促使出苗。当苗出齐时，应当尽快查苗补苗，以确保全苗。补苗方式为：将多出来的薯块密植在田间地头，用以补苗。补苗时，如穴中有病烂薯，应先挖掉病薯及其周围的土，然后再补苗。如果土壤干旱，要挖穴后浇水，还要施一点肥料，然后栽苗，以尽早恢复生长。假如没有备用苗，可在田间出苗的垄行间选择多苗的穴，从其母薯块的基部掰下多出来的苗，用来补苗。

（2）中耕除草和培土　中耕松土可以疏松结薯层土壤，使其通气，对根系生长、块茎膨大和匍匐茎伸长均有利。齐苗后应尽快进行第一次中耕，深8～10厘米，还要结合除草。过10～15天开始第二次中耕除草，以稍浅为宜。第三次中耕除草在现蕾开花初期，应比第二次更浅。后两次要结合培土进行，第一次宜浅，第二次稍厚，还要培成“宽肩垄”，总厚度小于20厘米，增厚结薯层可以防止薯块露出而降低品质和产量。当前内蒙古自治区东部和东北地区等垄作地区多使用行距为65厘米的中耕培土机来中耕培土。

（3）幼苗期管理　通常这一时期为15～20天，时间不长，马铃薯产品器官的长成分化都在这一时期，故此期对整个生长期都很关键。所以幼苗期以中耕为主，依靠中耕松土使地温升高，加速根系的生长，为使茎叶与根系协调生长，还要与中耕相结合除草。通常中耕1～2次。及时在齐苗后中耕，深为8～10厘米，还要结合除草，中耕后10～15天，开始第二次中耕，为了不伤害根系，以稍浅为宜。从播种到出苗，马铃薯需要时间久，若出苗后土肥不足，为了使幼苗快速生长，可结合中耕追施1次复合肥，每亩约施10千克，也可以在清粪水中加一点氮肥追施芽苗肥。幼苗期需水量少，根系吸水能力也弱，要使土壤处于湿润状态，可依据实际情况浇1次小水。

（4）发棵期管理　此期由以茎叶生长为主慢慢变为以块茎生长为主，是决定单株结薯量的重要时期。此期田间管理以促为主，就是通过促使地上部的生长来促使地下部生长。主要措施有保证养分供应、加强肥水管理、中耕除草和培土。通常可中耕2～3次，此期依然以浅耕为主。为了防止薯块露出地面而降低质量，培土高度在植株封垄前应为15～20厘米。以中耕培土来控秧促薯。促进植株从茎叶生长为中心过渡以茎块生长为中心。此期植株需水量大，干旱对植株的生长发育会产生很坏影响，还会造成减产。因此要使土壤见干见湿，每7～10天浇1次水，如果缺肥，可每亩施用15～20千克复合肥。

（5）结薯期管理　此期主茎已经生长成熟，慢慢变为以块茎生长为中心，有80%的产量形成于此期。也是马铃薯需要水肥的高峰期，促进地下部生长属于田间管理的重点，促使结薯，抑制地上部的生长，将促控结合起来，还要保叶防病，延长茎叶生长，以保证足够的光合产物转运和积累到块茎，延长结薯期。应在现蕾期结合培土追施一次结薯肥，以钾肥为主，氮肥为辅，根据植株的生长势决定施肥量。刚结薯还没有封垄的时候深松土1次，停止中耕；在块茎快速膨大的时候应当及时供水，满足块茎膨大需水。通常5~7天浇1次水，保持土壤湿润。开花后通常不再施肥，如果后期有脱肥早衰的现象，可用磷钾结合微量元素并结合对晚疫病的防治叶面喷肥2~3次。结薯后期要少量供水，保证土壤见干见湿，以降低块茎含水量，方便贮存。封垄后尽可能减少田间作业，以免碰伤茎叶。

（七）收获与贮藏

（1）收获时期　应当以收获用途为依据，商品薯适合早收，种薯适合晚收，但是9月之前要全部收完。食用马铃薯的最适收获期就是生理成熟期；种用块茎的收获要提前5~7天，以防止霜冻低温影响种性。

生理成熟是有标志的，如下所示：

①叶子逐渐从绿转为枯黄，此时茎叶中的养分基本不再向块茎输送。

②块茎脐部容易和着生的匍匐茎脱离，小力拉一下就能和匍匐茎分开。

③块茎外皮有较大的韧性、较厚的皮层、正常的色泽和变硬的周皮，含干物质量达到最大限度。

（2）准备收获　应根据需要准备足量的苫布和收获工具，防止降雨。收获前20天就应检修全部收获器械并使之处于作业状态。收货时要时刻注意天气变化，做好防冻工作。

（3）杀秧　杀秧在收获前5～7天，杀秧机调到打下垄顶表土2～3厘米，以不伤害马铃薯薯块为宜，尽可能放低，打碎地表的表土层和秧，这样对收获有利。应在晴天抢收，不可使薯块暴晒在烈日下，以防止马铃薯发青，降低品质。不管是机收还是机蹚，蹚后都要晾半天，然后再经人工归堆，选择和归类要严格，装袋拉回堆放。

（4）贮藏　在贮藏期间，块茎的生理生化变化是：新收获块茎的呼吸作用旺盛，温度为5～15℃时产生较高的热量，假如升高温度或者块茎受伤感病了，会使呼吸强度更高。块茎的水分在贮存期间散发，经过贮存，块茎损失6.5%～11%的重量。新收的块茎含很少量的糖，在休眠结束的时候会显著增高，因为萌发时有自身消耗，因此含糖量又会降低。在10～15℃时块茎中淀粉含量较稳定，10℃以下时含淀粉量会下降，含糖量逐渐增加。

贮存的基本条件为：入窖之前完成预贮措施，保证通风晾干，促使后熟、形成木质层，选薯要严格，去净泥土。贮藏前对块茎分级，然后摊晾7～15天，开始预贮，使伤口愈合、薯皮紧实、呼吸强度减小。预贮可直接在地上进行层堆，再覆土，厚度大于等于10厘米。或者在室内盖毡预贮，以方便装袋运输或入窖。预贮时薯块绝对不能被淋或被晒。入窖时要尽可能根据用途和品种分别贮藏，避免混杂。还要将杂、烂、畸形薯剔除，再入窖。最适贮存温度为1～4℃，最高为7℃。种薯适温为2～4℃。加工用薯短期贮藏适温约为10℃，长期贮存时，温度先为7～8℃，在加工前的2～3周升到16～20℃条件下回暖处理。贮存时的适宜相对湿度是85%～90%。

贮藏场所主要使用棚窖、永久式砖窖等。要求马铃薯入窖之前对贮藏窖消毒（甲醛熏蒸消毒+高锰酸钾）并进行通风。将温度限制为1～3℃；湿度限制为85%～90%，要求光线暗；为使窖内空气清洁，应适当通风。加工薯和商品薯要求避光条件。温度低时容易冻窖，必须每天对窖内进行检查，还要记录测定结果，防止冻窖，以使种子的利用率得到提高。

（八）病虫害防治

马铃薯有较多病害，常见的有病毒病、环腐病、青枯病、疮痂病、癌肿病和晚疫病等。防治地下虫害是防治马铃薯虫害的重点。地上主要害虫有蚜虫和瓢虫等。详细的病虫防治技术见本书第八章。

第二节 中原二季作区的露地栽培

一、春季露地栽培

由于中原二季作区的气候条件不利于马铃薯的生长，栽培过程容易出现问题，所以栽培技术有些复杂，要求较严。其中春季栽培最主要的是“早”，这个字包含之前说的选择早熟品种、最大限度提早生长发育、不误农时早管和适时早种早收等，在炎热多雨天气来临之前完成结薯期，以实现避免腐烂和抑制退化的目标。为实现“早”，确保马铃薯能高产稳产，一定要清楚中原地区的气候条件，满足马铃薯对外界气候条件的要求。

依据中原地区的气候变化，早春时低温，露地马铃薯不宜生长，高山地区 4 月之后，平原地区 2 月之后，气温慢慢升高并趋于稳定，气候适合马铃薯萌动发芽，就能播种。高山地区 5 月中下旬、平原地区 4 月上中旬时，马铃薯苗长出，温度还会上升，此时适合马铃薯茎叶的生长和块茎的膨大。平原地区 6 月中旬的平均气温有 25℃，此温度不适宜马铃薯块茎的膨大，此外马上要到多雨季节，所以要尽快收获。因为高山地区的海拔不一样，故存在很大温差。浅山地区 7 月中旬收获，高山地区气温较低，早熟品种的收获在 8 月中旬、中晚熟品种的收获在 9 月中旬。

二季栽培区适合马铃薯生长的春季时间少，气温逐渐上升，日照时间也不断变长。故中原二季春季栽培一定要考虑气候的变化，根据马铃薯的生长阶段，使用对应的前促后控的管理措施，如此才能使春季马铃薯稳产高产。

（一）深耕整地

马铃薯的产品是地下块茎，而且其须根有很差的穿透力，疏松的土质对根系的生长发育有好处，故要选地势平、方便灌排的沙质壤土，太黏重的土壤不适合种植，尽可能不和茄科作物连作。深耕能松土，增加透气性，还能提升土壤保肥、蓄水以及抗旱的能力，改变土壤的物理性状，使马铃薯的根系能充分发育、薯块能快速膨大。耕作深度为 20～30 厘米，通常翻耕深度不低于 25 厘米。如果土壤墒情不佳，要提早灌溉，然后再深耕。中原地区发生春旱时，不要先整地，播种前再浇水，以防播种时地温低且土质黏，播后生根很慢，苗出土时间久，对早熟高产不利。早春整地的时候要先浇水，然后再整地，确保耕后土壤颗粒大小合适，土中的水、肥、气、热比较协调，可以使出苗早、出壮苗。

（二）肥料准备

需要注意，中原地区为大陆性气候，冬天很少下雪，春天很少下雨，土质较干，所以如果墒情不佳，可进行春灌或冬灌，来弥补马铃薯在萌发出苗时的水分不足。早春解冻后，应及时结合春耕施基肥，应边耕边耙平，就墒播种。马铃薯属于喜肥作物，其整个生长期需要的80%的营养成分来自基肥，故供足基肥可以有效增加马铃薯的产量。马铃薯在生长过程中需要最多的是钾肥，其次是氮肥，磷肥稍少。以农家肥为主要施肥种类，化肥为辅。由于有机肥富含氮、磷、钾和其他微量元素，慢慢分解在土中，有较长的肥效，对改善土壤环境有利。要依据地力决定施肥量，通常每亩施4000~5000千克农家肥，如果地块肥力较差，则每亩多加50千克复合肥，就能有效提高产量。

现在，人们越来越看重的是精确施肥，所以施用基肥可以以了解土壤成分为基础，同时根据马铃薯对各类营养元素的需求，做到有的放矢，如此既能有效提高产量，又能降低投入的盲目性，降低多余投入。所以，种植人员要跟随时代发展，采用科学的施肥方式。

（三）选用良种

中原地区适合马铃薯生长的春季时间较短，所以选择品种时较严格。一定要选休眠期短、结薯早、膨大迅速、抗病高产优质且抗逆性强的脱毒种薯。二季作区的适宜品种为：中薯3号、郑薯4号、郑薯6号、费乌瑞它和东农303等。最好选择符合“GB4406种薯”和“GB18133马铃薯脱毒种薯”的品种，每亩用120千克种薯。还应当依据用途选取品种。比如，间作套种要选择株型直立、植株略矮的早熟或中早熟品种；出口产品要选薯形椭圆、外皮光滑、芽眼很浅、皮为红色或皮黄肉黄的品种；加工淀粉要选择淀粉含量高的品种；炸片或炸条要选择淀粉含量不低于14%、芽眼浅、顶部和脐部不凹陷的品种等。

（四）播前催芽和切块

在播种前，应选择完整、没有病虫害、外皮光滑、没有冻伤、颜色佳且符合本种特性的块茎当做种薯。春播每亩约需120千克种薯。春季播种前20～30天将种薯放在15～20℃环境中催芽，整薯可直接催芽或切块沙埋。

1. 催芽

（1）催大芽　现在进行早熟栽培的主要催芽方式就是催大芽，通常于种植前25～30天进行。将块茎切块后，以1∶1的比例和湿润的细土或细沙搀匀，摊成25～30厘米厚的催芽床，床的长、宽根据催芽环境决定，使温度保持为15～18℃，最低为12℃，最高为20℃，等芽有3厘米长时，就能播种了。催大芽既能在室内进行，又能在室外的塑料棚内进行，最主要是把握好温、湿度，温度太高、湿度过大时易烂，温度过低、湿度过小时出苗缓慢。

（2）赤霉素浸种催芽　赤霉素的浓度是赤霉素催芽的关键。

浓度太低，催芽效果不佳；浓度过高，苗会很弱。所以实际生产中，要根据种薯休眠时间的多少，来选用适宜的浓度。早熟品种整薯浸种浓度通常在5~10毫克/升，时间为10分钟。切块浸种浓度是0.3~0.5毫克/升，常为30分钟。

2. 切块要求

将每千克种薯都切成40~50块大小均匀、每块重量约25克的种块，保证每个切块都有1~2个芽眼。依据薯块大小决定如何切块：低于25克的薯块，只要切去脐部就行，刺激发芽；低于50克的薯块要纵切成2块，这样可以利用顶芽，增强生长势；重约80克的薯块，应上下纵切成4块；较大的薯块，先从脐部切，切到中上部时，再十字上下纵切；对大薯块，也可先上下纵切成两半，再从脐部的芽眼分别切块。芽眼和切口不宜太远，这样可以促进快发芽，使出苗早。消毒：分为种薯消毒和切刀消毒。消毒目的：防腐烂、防病、补钾。方法：用0.5%高锰酸钾或75%酒精对切刀进行消毒。用农用链霉素1000倍溶液或者200~250倍甲醛（福尔马林）溶液处理种薯。切块后摊晾开，使伤口愈合，以防烂种。

催芽方式是：将湿土（或湿沙）按照1∶1的比例混匀，摊成厚30厘米、宽1米，顶上和四周用湿土（或湿沙）覆盖7~8厘米。还有一个方法是将湿土（或湿沙）摊成厚7厘米、宽1米、不限长度的催芽床，在上面放一层马铃薯块，然后盖一层湿沙，沙的适宜厚度为刚刚看不见薯块，可摊放3~4层，然后在顶上和四周盖7~8厘米湿沙（或湿土）。保持温度为15~18℃，最高为20℃。等芽长有1~2厘米时扒出来，在散射光下进行晾种工作（维持在15℃），在芽变绿、变粗壮时就能用于种植。

（五）适期早播

中原二季作区春季栽培重在“早”，其中早管、早收的基础是适时早播。

适时有3个原则：

①高温多雨季节来临前已形成产量。

②使结薯期的气候为最佳，而且维持较长的时间。

③断霜齐苗。

因为这一地区南与北、沿海与内陆、山地与平原的物候条件有很大不同，此种不同在早春温度不稳定时尤为明显，这就使得中原二季作区的具体播种时间有很大的差异，有的时候甚至能相差1个多月，同一省份的播期也不尽相同。比如河南省，平原地区2月下旬之后，气温会慢慢上升且会稳定下来，适合马铃薯的萌动发芽，因此能够播种，马铃薯的出苗在4月上中旬，温度会继续上升，适宜马铃薯的茎叶生长及茎块膨大。高山地区则要进入4月后，才有播种需要的温度要求，马铃薯的出苗则在5月中下旬。这两个地区播种期差别就很大。

即使播期差异很大，不过只要依据适期早播的3个原则，各地都能根据断霜期确定，向前推30～40天，就能将播种时间确定，注意宁可早种，也不要晚种。有些种植人员担心早种会受冻，事实上马铃薯比较耐寒，就算出苗时遭遇霜冻，也只是顶部被毁掉，下部依然可以重新长叶，这种情况的产量还是比晚播多。中原各地长久以来的经验显示，播种期每推后5天，就有10%～30%的减产量。不同地区有不同的播种方式，常见的有开沟播后起垄、朝阳坡播、点（穴）播、平播、垄播和平播起垄等，不同地区要依据当地习惯选用合适的播种方式。

（六）田间管理

春季马铃薯从出苗到收获约有60天，所以，应在管理上遵循前促后控的原则，重点是要早：早中耕、早浇水、早追肥。春季温度逐渐升高，前期温度适合块茎的膨大，后期温度适合茎叶的生长，总要求是前期早发，中期稳长，不仅要防止后期茎叶早衰，还要抑制后期茎叶徒长。

（1）中耕培土　从播种至出苗，马铃薯通常需要30天，苗长齐后应及时中耕除草，封垄之前最后中耕除草1次。结合中耕除草完成2～3次培土，加大土壤的通透性，为马铃薯的根系发育以及结薯创造有利土壤环境。在苗高约6厘米时进行第一次中耕培土，这段时间尚未形成地下匍匐茎，可适当深耕；第二次中耕培土在现蕾期，这段时间还没有大量形成地下匍匐茎，应合理深耕，实现高培土地要求；最后一次培土在封垄前，这段时间已经形成匍匐茎且匍匐茎顶端开始膨大，形成块茎，因此要适当浅耕，以防损伤匍匐茎，培成高且宽的大垄，避免块茎外露变绿。

（2）追肥　如果底肥量充足，土肥又好，通常不用追肥。不过假如需要追肥时，可选在6叶期，追肥太早，没有效果，追肥太晚，增产效果差，植株甚至会贪青徒长，从而减产。实际生产中应根据苗情选择是否追肥，时间宜早。幼苗长齐后，首次追肥要结合灌水进行，每亩施尿素约15千克，可选择沟施、点施或叶面喷施等方法。

从马铃薯现蕾、开花到结薯，实行根外追肥，特别是马铃薯的生长进入后期后，根系会慢慢衰老，吸收能力会变弱，根外追肥的效果更好，对防早衰很有效，可使地下块茎生理成熟。根外追肥一定要把握好浓度，不可太浓，以防“烧苗”而伤害叶片；越稀喷肥，效果越好。一般使用的浓度是：大量元素（氮、磷、钾）以0.5%为宜，微量元素（硼、锰、锌、铜等）的适宜浓度为0.05%～0.1%。不过应注意根外追肥属于补充施肥措施，无法取代基肥和追肥。根外追肥的时间，可与防病治虫相结合，与适宜的农药混配施用。傍晚进行根外追肥较好，追肥完成后，夜晚空气湿度高，气温凉爽，对吸收有好处。要防止在高温干旱、大风或下雨天根外追肥。

（3）浇水　马铃薯较耐旱，但也不可缺水，整个生长期土壤适宜含水量为60%～80%。出苗之前不适合灌溉，如果太过干旱，可以浇小水。在形成块茎的时期要适当浇水，块茎膨大时供水要充足。特别是在夏季高温阶段，土壤温度在30℃时，高温敏感的品种会有畸形块茎出现，要及早浇水，使土壤温度可以降低，对块茎的生长有好处。下雨后如有积水，要及时清除，否则会导致烂薯现象。收获前10天根据气象情况停止灌水，对收获贮藏有利。

（4）摘除花蕾　对于结实很多的品种，应当摘掉多余花蕾，节省养分，特别是节省光合产物，促使地下部结薯。摘除花蕾时，避免伤害叶片。

（七）收获贮藏

要依据块茎的用途、市场需求和生长状况及早收获。马铃薯大多数茎叶从绿变黄，然后枯黄，地下块茎就达到了生理成熟的状态，应该马上收获，通常春季马铃薯在6月底前完成收获。要在上午10点之前、下午4点之后做收刨工作，边采收边运输。绝对不能将收获的薯块装袋处理，也不要成堆放置。挑选通风、干净、凉爽的半地下窖贮存，不要和化肥、机油、农药等油类或者洋葱、大蒜、大葱等辛辣产品一起贮存。贮存时将薯块放在洁净的干沙上面，厚不要超过30厘米，每隔10天翻捡1次，随时剔除烂薯。暗光贮存，防止块茎暴晒、霜冻、雨淋以及在阳光下暴露时间太长而发绿。通常春季马铃薯每亩生产2000千克，高产则有3000千克。

二、秋季露地栽培

中原二季作区秋季马铃薯的生产在8～11月间，气候变化规律与春季相反，气温逐渐降低。光照时间逐渐减少。前期对马铃薯的茎叶生长有利，后期温度下降，昼夜温差变大，满足马铃薯块茎膨大的要求。从气候规律的角度看，秋季更适宜马铃薯的生长发育。但秋季播种期正是多雨高温的时候，如果切块栽培，会有烂块死苗现象，所以为了保证全苗，建议秋季播种整薯。另外，秋季用种是春季繁殖的，秋播时种薯还处于休眠期，需要用药剂催芽后才可种植，所以对种薯的处理和保苗措施是秋季成功栽培的关键。依据秋季气候变化的规律，对马铃薯的栽培管理要遵循一促到底的原则。前期要尽快加强管理，以使植株枝繁叶茂，给后期马铃薯薯块膨大时的养分积累打下基础。

（一）整地

耕地，耙地，旋地，作好播前准备。基肥施够量，使用播上垄的方式，覆土要浅，出苗后起成大垄，以便涝可排水、旱可浇水。沙壤土、沙土地依照60厘米行距、3～4厘米深的沟施肥播种；沥涝年份或黏土地可就地画线播种，再培土成大垄，垄底宽40厘米，垄顶与沟底有30厘米的距离。在种薯上盖10～14厘米厚的土，确保种薯在湿润、松软透气和能保持冷凉的土壤里。如果播种后干旱，要马上灌溉。垄土受到烈日曝晒时，土温能超过40℃，这时更要浇水降温。这是秋作保苗、安全出土的关键。

（二）种薯选择

要选择春季专用留种田的块茎作为秋季栽培的种薯，春季专用留种田收种都早，错开了蚜虫迁飞期和高温天气，种薯退化轻，种性好，后代可高产。秋种品种必须选用早熟品种。由于马铃薯在中原二季作区的适宜生长时间不长，所以适宜种植早熟品种。要求被选为种薯的块茎大小合适、没有伤、没有病也没有裂。秋季播种马铃薯时，正是高温多雨的时候。20世纪60～70年代使用的切块播种往往会有烂块死苗现象，导致缺株断垄，严重的全部烂掉，以至于产量严重减少、颗粒无收，这是常年来二季作区秋薯发展很慢以及就地留种难的主要原因。该地区的科技人员在生产实践中经过逐步试验和总结，最终发现在秋季种植小种薯，不但能防止烂块死苗，还能有效避免退化、提高产量。这个研究成果在中原二季作区很快就得到推广和应用，是秋薯栽培和就地留种的重要栽培手段。

通常整薯播种的重量为50克，每亩用种大概为300千克。虽然整薯播种与切块播种相比，投入量增多了1倍，但是实际投资却未增加，这是由于小整薯商品价值不高，折算后投资并未增多。据资料显示，当苗全的时候，整薯播种比切块播种相比可多产约50%，从投入产出的角度来看，整薯播种远比切块播种的效益高，另外也更能保证产量，所以秋季栽培提倡整薯播种。

（三）催芽

催芽时间在播种前15~20天，可直接堆积或者沙培层积，或者用10~20毫克/升赤霉素浸种催芽，浸种之前要将病烂薯剔除。为了薯皮表面消毒，可在消毒液中加入杀菌剂浸15分钟。当芽有2~3厘米时，让芽见光绿化，1~2天之后播种。

（四）适期播种

各地秋播的时间都不一样，马铃薯生长的最终临界期以当地枯霜期为依据，然后依据种薯的生理年龄和马铃薯茎叶约需见光60天才有产量的情况来确定最适播期。比如郑州，通常秋播在8月15~25日。秋播可适当提早，但早播种的植株疮痂病和晚疫病比较严重，反而会减产，使商品率下降。所以，作为秋季留种田，尽可能晚播，这样对防止病毒侵染有利，使种性良好。

（五）播种密度及播种注意事项

秋季苗长出来后，温度慢慢下降，日照时间慢慢变短，这都对发棵没有好处，所以和春季比较，种植密度要小一些。特别是秋季马铃薯是整薯播种，种薯大小对密度有直接影响，通常行距是 60 厘米，依据种薯大小决定株距，每亩适宜种植 3500 ~ 6500 株。

秋季播种正赶上 8 月高温雨季，应当背阳坡摆放种薯，以防止阳光直射，可以降低地温，不容易有烂种现象，从而使安全出苗，进而确保产量。完成播种后，要在地块周围挖好排水沟，雨后及时排水，防止有太多积水使田间烂薯烂苗从而带来损失。

（六）田间管理

要浅层次种植秋薯，培土次数要多。原则上秋延扣膜时白天温度低于 15℃，晚上低于 7℃。扣膜后适量通风，棚中温度白天保持在 20 ~ 25℃，夜间在 10 ~ 15℃。当棚外温度白天高于 20℃、晚上超过 10℃时，应当全天大通风。如果白天温度约为 15℃、晚上约为 7℃，那么晚上应不通风或小通风。适时收获。轻霜只对部分茎叶有危害，其余绿色茎叶和块茎依然可以生长，使生长期变长，对转移养分、积累干物质有好处，就可以增大产量。

（1）出苗前的管理　秋季马铃薯从播种到长出苗，天气依然高温多雨，就容易导致烂种死苗。所以，田间管理要围绕防烂种、保全苗，采取相应措施。通常不用浇水，如果土干，要尽快灌溉，使土壤温度变低，如果雨水多，应及时将积水排出。浇水或下雨后要及时中耕松土。

（2）出苗后的管理　秋薯与春薯相比生长季节短，没有明显的从茎叶生长到块茎生长的转折期。秋分前温度高、日照时间长，对茎叶生长有好处；秋分后温度变低、日照时间变短，对块茎生长有好处，茎叶不易徒长。所以，对秋薯的管理在于尽快促进发棵。出苗后团棵前连续追 2 次肥。浇水和中耕同步进行，要见干见湿，使土壤疏松透气。与中耕相结合培宽并加厚垄土以便根系和茎叶更好生长，秋薯秧、薯比值为0.5～0.8（春薯的秧薯比值是0.9～1.2）。很明显，与春作秧棵相比，秋作的生产效率要高很多，这就说明了秋薯促秧是很重要的。在华北地区，应在秋分前后，通过勤浇水肥与中耕及时促成茎叶。假如天气多阴雨，茎叶生长过于旺盛。白露之后温度逐渐降低，日照时间慢慢变短，对结薯和薯块膨大有好处。所以，秋薯出苗后的田间管理要以发棵为主，增加茎叶生长量，增加叶片有效生长时间和功能。查苗补苗要及时，培土扶垄。如果碰上干旱，要及时浇水，供水充足。注意预防病虫害，降雨或浇水后及时中耕松土。

（3）结薯期管理　土温和气温慢慢变低，日夜温差变大，植株蒸腾、土壤蒸发变少，故此时垄土不干不浇，否则土温变低，垄土板结闭气，反而对块茎膨大不利。

第三节　南方二季作区的露地栽培

（一）合理轮作，精细整地

为了减少生长期间的病害，不要将马铃薯和茄科类作物轮作。要精细整地，如果前茬是晚稻，要在收前半个月开沟放水，收获晚稻后，将土壤翻犁、耙碎，然后做畦。畦在各地的规格有所不同，要让畦面有细碎平整的土壤，但为了避免土壤板结，也不可过细，以防透气性不佳。

（二）播种技术

南方二作区有多种栽培形式，各地播期也不相同。秋播期通常在9月中下旬到10月下旬，冬播期是翌年1月初至1月下旬。播种期要根据各地的栽培习惯和气候条件而定。因为栽培季节和畦的规格不同，播种密度也会有差异，秋播密度一般较稀，为3700～4600株/亩；冬播密度较大，约为5000株/亩。多用穴播的方式，依据合适的株距和行距开穴，穴深为10～13厘米，将基肥施进去，播种薯，在上面盖5～10厘米厚的土杂肥，可暂时不覆土。

（三）种薯选择和贮藏

通常用小整薯进行播种。如果将冬播生产的马铃薯当做种薯进行播种，种薯通常选择重量约为20克的小薯块。由于冬播留种是一季留种两季用，因此在秋播时，种薯贮藏期为5～9月，这一段时间恰好够一般的马铃薯度过一个休眠期，可以带芽播种。不过假如将种薯用于第二年冬播，经过从5月至12月底的长期高温贮藏，马铃薯早就发芽，播种时应将老芽掰掉，再发出新芽才可以播种。假如种薯在低温的冷库中贮存，就要在种植前半个月取出种薯，放在阴凉的地方，促其迅速萌芽，以保证出苗整齐。

如果选择季赶季的留种方式，将秋播生产的薯块当做冬播的种薯，由于要通过播前催芽来解除休眠，因此常选用大薯块切块播种（催芽方式参见中原二季作区的方法），不过将冬播生产的薯块当做秋播种薯时，依然选用小整薯播种。

（四）田间管理

秋播马铃薯出苗时间为播种后 7～15 天，冬播则为 25～30 天。幼苗出土后要立即盖土，然后间苗。秋播则每穴留 2 株苗，冬播则每穴留 3～4 株壮苗。

间苗之后马上施壮苗的肥料，然后每过 5～7 天追 1 次肥，共需 5～6 次。追肥方式有在株旁穴施和在行间开沟施肥。总施肥量（包括基肥）为人粪尿 1500～3000 千克/亩、农家肥 1500～2500 千克/亩。假如天旱，要和追肥相结合穿插进行灌溉。在植株封行后，也就是秋播 45～50 天后、冬播 60～70 天后，停止追肥。如果追施人粪尿和氮素多，块茎膨大就快，有的品种的块茎就会开裂，影响鲜薯出口，要注意这点。

苗长到 15 厘米的高度时，开始进行除草、松土以及培土的工作。第 2 次松土在 15 天后进行，此时要浅松土，以防止根受伤。追肥、松土时不要伤到茎叶。

（五）收获与贮藏

通常在 2 月初收获用于出口的商品薯，为了避免块茎表皮受伤，在收货时要用筐装运，收货时间还要选在晴天。最好能边收获、边分级，分开大、小块茎。出口的一级薯块，不但要完整、没有损害，而且每块还要超过 150 克。贮藏环境要选在黑暗的房间里或者有遮光物的筐里，随时准备售出。绝对不能将收获的薯块长期放在明亮处，因为块茎表皮见光容易变绿，还会出现茄碱，降低品质。

第四节 西南单双季混作区的露地栽培

西南单双季混作区，又叫做西南山区垂直分布区，此地区包括云南、贵州、湖南西部山区、湖北西南、西北部山区以及西藏，气候悬殊、地形复杂。该区一季、二季栽培均有。一季作栽培是一年一熟的单作制，大多在西南的高寒山区；二季作栽培是一年两熟制，这是因为其所在地区为无霜时间长且气温高的西南山区中山、低山地带。西南单双季混作区可以参考北方一季作区、南方二作区和中原二作区的不同栽培模式。在此只介绍西南单双季混作区马铃薯高产栽培要点。

（一）选择品种

西南单双季混作区要选择休眠时间短、块茎迅速膨大、结薯早、抗逆性强、优质高产的早熟脱毒的马铃薯品种，比如合作88、川学56、新芋4号、鄂783-1、南中552、鄂马铃薯1号、安薯56以及鄂马铃薯3号等。

（二）切块催芽

春播每亩约需要120千克种薯，播种前把种薯置于15～20℃的黑暗条件下进行春化处理。播种前20～25天将种薯切块，每块重25～30克，有1～2个芽眼。将种薯切块后，用甲霜灵和500倍多菌灵对种薯杀菌，以防播种之后发生烂种现象，以便安全出苗。

（三）选茬整地

马铃薯忌连作，在西南地区尤其注意，因为种过马铃薯的地块中，收获时不免在土壤里留下少量薯块，就算是在高海拔地区，通常冬季土壤冰冻层也不会大于15厘米，残留的薯块不易冻坏，次年又能萌发长成新植株，俗称“隔生洋芋”。任何马铃薯病害都可以通过带病种薯进行传播，带病的隔生马铃薯当然也不例外。青枯病、粉痂病以及有晚疫病卵孢子的地块，能通过土壤传播。此外，与一般作物相比，马铃薯对土壤肥力的反应更敏感。所以要使马铃薯高产、稳产，应和豆类、禾谷类等作物轮作。

马铃薯的根多分布在耕作层中，又因为是地下结薯，需水肥量又多，因此就更要求有一个深厚且疏松的土壤环境。所以在耕作上一定要深耕细整来加厚土层，提高土壤的保水保肥能力和通气性，加快微生物的繁殖活动，以促进土壤风化和分解肥料，使土壤中的有效成分增多，提高耐旱性和耐涝性，以确保马铃薯植株良好的生长发育，增加产量。深耕的办法：一种是套耕，就是后边的牛跟着犁沟再耕一铧；另一种是机耕。要及早深翻土地，这样就能增加土壤风化时间，还对来年减少虫、病和杂草有好处。山区雨水多，要尽量选择排水通气良好的土壤，开好腰沟、厢沟、围沟，确保沟沟相通，明水可排，暗水可降，以防淹涝。

假如土壤过于湿重，不但会对高产不利，而且还会降低块茎的品质。如果马铃薯生长的土壤湿度太大，就会降低土壤的通透性，从而易使薯块腐烂。

（四）适时播种

西南春播马铃薯适宜在 12 月下旬至 1 月上旬播种，如果太早播种，幼苗容易冻伤；太晚种植，薯块膨大期就会处在多雨高温期，地上茎叶容易徒长，对薯块养分的积累产生影响，最终严重减产，同时薯块易感染病害或烂薯。按 20 厘米的株距开沟播种，在沟内将薯块芽朝上摆好，每亩用 120 毫升 50% 乙草胺或 100 毫升 72% 都尔，对 40 ~ 50 千克水，喷洒均匀后马上覆膜，以预防杂草丛生。

（五）田间管理

（1）及时破膜　播种 20 ~ 25 天后幼苗陆续顶膜，在晴天及时破孔引苗，还要用细土盖住破膜孔。

（2）中耕培土　为避免薯块露出地面，分别在现蕾初期、开花初期培一次土。

（3）肥水管理　播种后要使土壤处于湿润状态，对出芽有利；苗出齐前不可灌水。与墒情结合，分别在现蕾期、开花期和薯块快速膨大期灌一次跑马水，不让沟底有积水，尤其在收获前 15 天不可灌水，注意清理排水沟，确保薯田没有积水，还要在开花初期每亩追施 10 ~ 15 千克尿素，为防止块茎腐烂、不影响薯块贮存，收获前5~7天再不要灌溉。另外，植株生长的中后期叶面喷施2次浓度为0.3%的磷酸二氢钾溶液，可预防早衰。

（4）抑制徒长　如果植株在现蕾开花阶段有徒长趋势，每亩用20~25千克15%多效唑对40~50千克水喷雾。

（六）病虫害防治

及时防治晚疫病、病毒病、蚜虫、地老虎以及蛴螬等病虫害。具体防治技术参见第七章。

（七）适时收获

地上部植株在马铃薯薯块成熟后不会再生长，基部叶片掉落、茎叶变黄时就可以收获，也可以依据市场随时刨收。收获时要注意在高温和雨季到来之前进行，用锄头挖收薯块，并分级出售。

第四章

马铃薯的大棚栽培

第一节 大中棚栽培

（一）选地

侵害马铃薯的病害中有很大一部分是经过土壤传播疾病的。所以，马铃薯忌连作，适合倒茬轮作。假如不实行倒茬轮作，在马铃薯连作的情况下，有些病菌在土壤中的潜存量会越来越多，从而使马铃薯的病害越来越严重，甚至发生毁灭性灾害，尤其是癌肿病的病菌孢子潜存在土壤中，疮痂病的植株带病后经过根系传染给健株。轮作可减少病害，抗病品种与轮作方式结合对预防线虫病和癌肿病是很有必要的。研究显示，如果一块地连种 8 年马铃薯，其疮痂病发病率可达 96%，如果中间种一茬萝卜，再种马铃薯，疮痂病发病率就会明显下降到 28%。黑胫病、青枯病的病菌都能在土中生存，土壤是其传播的一种途径，与换茬地块相比，连作田发病要高很多。此外，由于连作马铃薯的营养吸收单一，会快速降低土壤里的钾肥量，降低土壤肥力，对下一茬的产量不利，也对种地养地、培肥地力有不利影响。要选择土质肥沃、疏松、土层深厚、方便灌水的地块，忌重茬。大田栽培时，前茬以豆类、玉米和小麦为好。如果是菜田栽培，前茬以蒜、葱和萝卜为佳，这样就会将病害发病可能性减到最小，同时马铃薯生长时，茎叶覆盖地面，大多一年生杂草受到抑制或无法结籽，对减少草害意义重大。最好不要将茄子、番茄和辣椒等茄科作物作为前茬。此外，也尽量不要将甘蓝和白菜作为前茬作物，因为它们的病害和马铃薯相同。由于我国人多地少，每一户的耕地非常有限，无法倒茬，因此只能连作。所以土壤中病害积累的情况很严重，有些地区疮痂病的发生率竟然有 80%，对产量和质量产生了严重的副作用。常言道：换茬如上粪，这句话有很深的道理。

（二）整地扣棚

（1）整地　每亩要施用 5000 千克磷酸腐熟的有机肥、20 千克硫酸钾和 50 千克磷酸二铵，进行深耕。

（2）建棚与扣棚　整完地后，于播前 3 ~ 4 天扣棚，就能提高地温，对播后出苗有好处。依据当地条件确定棚的大小，使用经济实用的材料搭棚，跨度为 3 ~ 8 米。通常用竹片或竹竿搭成 90 厘米高、3. 0 ~ 3. 2 米宽的小拱棚，使用 4 米宽的棚膜覆盖，也可依据材料建成 6 米或 8 米宽的中棚。用土压紧农膜四周，要压实，尽可能使棚面平整。用塑料压膜线将棚膜压紧，以达到防风固棚的效果。

（3）施肥　“一要足量，二要得法”是马铃薯设施栽培时要注意的。“要足量”，是因为马铃薯是喜肥的高产作物，植株在田间的生育时间不长、种植密度大和地膜覆盖等影响，追肥不易，故而建议一次性施够基肥，而整个生长阶段再不用对土壤追肥，很多农民称作“一炮轰”。每亩高产地要求约施腐熟农家肥 5000

千克，通常也应施入3000千克。另外，马铃薯需钾量最多。还要每亩加30～50千克钾肥，才会有显著的增产效果。基肥量施够对前期根系发育、幼苗健康生长都有好处。基肥又分有机肥和化肥，作为基肥施用的化肥最好与有机肥料混合施，尤其是播种时，将有机肥和化肥混合施用不会出现烧根等现象，较为安全。“要得法”指的是马铃薯的施肥原则：要以农家肥为主，化肥为辅；以基肥为主，叶面追肥为辅，以集中施用基肥为宜，集中施肥可以使少量肥料发挥较大作用。特别是在沙性大的土中，养分、肥料易流失，集中施肥可促使马铃薯根系发育过程将肥料包围起来，降低养分流失量。尤其是硝酸铵类化肥中的硝态氮，在沙土中不容易被吸附住，因此集中施肥会有更好的效果。农家肥包括圈粪、土杂肥、堆肥和厩肥等，施肥前确保肥料已充分腐熟，饼肥更是要在发酵腐熟后才可施用。只有有机肥充分腐熟，才可以在当年发挥肥效，促使增产。没有腐熟的有机肥，短期无法被微生物分解，肥效（养分）无法释放，很难在当年被作物吸收利用，此外还容易滋生地下害虫。

应依据种植的品种和土壤肥力高低决定施肥量，参考配方选择合适的品种和数量。马铃薯的生长需钾最多，氮肥次之，磷肥较少。但有些地方的土壤不缺钾，缺磷，这就应当依据实际情况施磷肥。氮肥太多易使植株徒长，不足又无法实现高产。总而言之，应合理施肥，有机肥（农家肥）和化肥相结合，既能使马铃薯高产，又能对土壤培肥、改善土壤结构产生好的影响。不施有机肥、只施化肥会产生土壤物理性质恶化和土壤板结等不良影响。

（三）品种选择

需要选择休眠时间短、早熟抗病、集中结薯、薯块均匀、商品性好的品种，如郑薯六号、郑薯五号、中薯三号和费乌瑞它等，由于种薯有没有脱毒会对产量和质量产生很大影响，因此还要选这些品种的优质脱毒种薯。

（四）切块催大芽

切块催芽是早熟栽培中很重要的一环，只有催好芽，才可保证出苗早、出苗齐。切块时，1 千克应当切成约 50 块均匀的小块，保证每一块上都有芽眼。要根据不同品种、不同种芽选择相应的切块催芽的方法。从北方调来的种薯，因为北方收获早，种薯休眠期已过，种植前只要直接切块就能种植；当地生产的种薯收获晚，虽然种薯已过休眠期，但是还没到发芽的最佳时期，种植前要提前约 30 天切块催大芽。那些当地生产的休眠期长的品种，在种植前 20 天使用赤霉素浸种，出芽之后进行切块催芽的工作。催芽时温度不可过高，湿度也不可过大，以避免烂薯。通常催芽的最适温度为 15 ~ 18℃。

（五）播种起垄

1. 适时播种

适当早播可以早收早上市，得到较高的收益。要根据种薯质量和土壤温度而适时播种。通常深 10 厘米的土壤温度维持在 5 ~ 7℃ 的时候进行播种稍微安全。因为经过休眠的马铃薯在 7℃ 的环境中就可发芽和缓慢生长，土温上升到约12℃时幼芽可快速生长。早播比一般的播期结薯早，提早收获也能躲开各地后期的高温天气，并且田间很少有烂薯，退化少。通常情况下，在当地晚霜期前20～30天，气温维持在5℃以上就能播种。山东、河南等地二季作区的春播适宜时间是2月下旬到3月上旬，而4月上旬至5月上旬是山区高寒地带一级作区的适宜播期。由于城市郊区的早熟栽培多用早熟品种催大芽，且播种后盖地膜，播种期可以提前10～15天，不过在出苗之后应注意预防霜冻。适时早播，实际上要以当地终霜日期为界，并向前推30～40天，才是正确的播种期。春播日期与收获时间、产量有很大关系，以中原二季作区为例，5～6月气温比马铃薯生长适温相比只高不低，且雨季又即将到来，如果在3月播种，4月齐苗，实际见光生长时间也不过70天。所以春季栽培所有的技术、举措要围绕一个“早”字，必须保证当地断霜的时候苗已长齐，炎热雨季到来时保产量。经验显示，每离播种适期推迟5天，就会减产10%～20%。播种之前，华北地区的芽经过地温锻炼，就算种植后碰到轻微霜冻也没事，有的时候顶部被冻坏，下部又会长出新枝，产量还可以有一些保证；当然根据处理出芽的情况看，已出芽的可适当晚播，没有出芽的应早播。

总而言之，在促早熟设施栽培过程中，与露地栽培相比，地膜覆盖的播种时间可以提前约10天；地膜覆盖加小拱棚栽培通常可比露地栽培提早约20天；地膜覆盖加小拱棚栽培加大棚栽培通常比露地栽培提前约30天。不同地区要依据当地栽培方式和气候状况决定具体时间。

2. 合理密植

马铃薯促早熟设施栽培的栽植密度要因时制宜、因品种制宜、因地制宜。促早熟设施栽培因为植株生育期短、植株较矮小，所以和露地相较多适合密植。极早熟品种的密度比中早熟大。植株矮小品种的密度比植株较高品种也大。管理水平高的种植能手通常栽培密度较小，整薯播种稀，与切块播种相比，大薯播种密度大。依据不同的收获时间和品种，通常每亩种植4500～5500株。

3. 大垄双行栽培

促早熟设施栽培大部分使用地膜覆盖栽培，栽培过程中通常不培土，所以，大棚地膜覆盖栽培适合选深开沟、起大垄、厚培土的一次性完成覆土的技术。挑选约宽1米的地膜，采用大垄双行模式，通常大行距60～70厘米、小行距20～30厘米、株距20～25厘米。薯块播后适宜覆土厚度约为10厘米，过深、过浅都对后期生长不利。与单垄单行相较，尽管大垄双行的平均行距差异不大，实际密度还是有所增加，同时因为一个行距增大，通风透光就较好，导致光照面积变大，因此，大垄双行通常会增产约10%。

（六）干扰因素管理

（1）肥水管理　由于拱棚内不便追肥，故应在播种前一次性施足基肥；等80%出苗后，将苗肥追齐，每亩追施碳铵50千克；在现蕾期，薯块开始膨大，水肥需要量变大，此时应及时追肥，通常每亩追尿素15千克。依据土地墒情及时浇水，以满足块茎生长需要，通常使用沟灌方式，灌至沟深的2/3，使水在土里渗透，应避免浸灌、久灌和淹灌。将棚拆除后喷2次0.2%的磷酸二氢钾，以防早衰。在薯块膨大期应保持土壤湿润，浇水时不要超过垄顶，使土壤有通透性，加快块茎膨大。生育后期不要太旱，要不然灌溉后容易产生炸裂薯，使商品品质降低。

（2）温度调节　通常播种后出苗前不揭膜，出苗后应及时破地膜露苗，防止幼苗被烫死在膜下。假如碰上高温天气，要打开棚膜两边，进行降温处理，不过通常不揭膜。假如碰到霜冻天气，傍晚用草帘将小拱棚盖住保温，第二天白天揭膜。假如碰到冰冻天气，白天用草帘将棚膜两侧盖住，将膜顶露出以便透光，晚上用草席将棚膜全部盖上。生长期白天维持16～20℃、夜间12～15℃。随着气温回升，留意棚内温度。生育前期为了将有害气体排出、降低湿度，可以在中午开一个小口放风。3月中下旬气温有20℃时，每天上午9点将棚膜打开通风，下午3点关闭。4月上中旬，当外界气温白天高于20℃、夜间高于12℃时，开始昼夜全揭膜式通风。放风时要顺风开口，放风口要从小至大，避免大风口使冷风入棚，出现闪苗。此外，放风部位温度低，对苗生长有影响，要时常调换放风部位。如果有霜冻，要马上盖上膜以防霜。

后期管理的重要环节是及时撤膜。去膜时间太早，气温还没有稳定，过低的气温对植株生长、块茎膨大有不利影响；去膜时间太迟，棚内温度太高，易使植株徒长，另外，温度太高对地下薯块的膨大也有不利影响。去膜通常在清明后温度比较平稳时进行。去膜前4～5天昼夜开大口，进行放风，以便植株更好地适应外界温度。另外，去膜前，必须进行一次追肥浇水，这是因为此期地下薯块膨大速度最大，整个植株需水肥量也最大，另一个角度来看，这样做对提高去膜后植株适应外界气温有帮助。要根据天气状况及时撤棚。

(3) 调节光照　生育期要常常振动棚膜，让膜上的水滴掉下来，使膜的透光性更好；如果条件允许，可以用软质工具擦亮棚膜。

（七）化学调控

马铃薯徒长的田块大多是水肥优良的高产田。造成徒长的原因最主要是施肥多，尤其氮素过多，再加上种植密度大，植株生长期间严重拥挤、枝叶互相遮阴造成此现象。抑制植株徒长有两个方法，一个是喷抑制剂；另一种是控制浇水量。实践情况显示，后者只是暂时的，否则会导致减产；而第一种方法既不会导致减产，还能调整植株的生理机制，效果不错。现在主要有矮壮素、多效唑、膨大素等抑制剂。对徒长的植株喷 1～6 毫克/千克的矮壮素或 100 毫克/千克的多效唑，抑制效果均较为显著，对使茎叶中的养分转运至块茎中有较好的成效。不过在喷矮壮素或多效唑时应注意植株的生长量。假如发现植株有徒长现象，但生长量还不足时，可以用控制浇水来使植株缓慢生长，等植株的生长量足够时，再喷用抑制剂。在植株生长量小时喷施抑制剂可以抑制徒长，但无法实现高产。在植株生长量大时喷抑制剂，茎叶里的养分转运到块茎中的也多，可实现高产。通常在现蕾期至开花期喷施多效唑。

（八）防治病虫害

春季提早进行大、中、小棚设施马铃薯栽培，因为外界气温低，主要病虫害还未出现。所以，在北方，早春马铃薯设施栽培很少有病虫害；然而在雨水较多的南方主要是后期预防早、晚疫病。现在常用的农药有大生、克露、银发利、福帅得、科佳、杀毒矾以及普力克等。

（九）及时收获

应当依据市场行情及时收薯、及时上市，如此才能对马铃薯及早上市、提升价格有利，也早让茬对有利，将全田的经济效益提上去。

第二节 双膜覆盖栽培

马铃薯双层覆膜栽培可以让马铃薯提前近一个月上市，通常可在翌年 3 月下旬左右收获，供蔬菜淡季和“5·1”的节日市场，与露地和地膜覆盖马铃薯相比，价格要高近 2 倍，有很好的经济效益。

（一）选择品种

二季栽培地区也就是春、秋二季作区，适宜种植早熟马铃薯，双层覆膜栽培更应选休眠期短、集中结薯、早熟抗病、薯块均匀和商品性好的品种，比如种薯三号、郑薯五号、郑薯六号和费乌瑞它等，同时要选这些品种中的优质脱毒种薯。这是由于种薯是否脱毒对产量和质量有很大的影响。

（二）切块催大芽

切块催芽在双膜覆盖早熟栽培中属于十分紧要的一环，只有将芽催好，才会确保出苗又早又齐。切块方法和地膜覆盖栽培一样。切块催芽的方法应根据不同的种源、不同的品种而定。由于北方调来的种薯收获时间早，种薯的休眠期已过，直接切块就能种植；当地生产的品种收获时间晚，虽然种薯已度过休眠期，但没有到最佳发芽期，要在种植前约 30 天切块催大芽。当地生产的品种有较久的休眠时间，在播种前 20 天用 5 ~ 10 毫克/升的赤霉素浸种，约 10 分钟出芽后，再切块催芽，催芽的最适温度通常是 15℃。

（三）整地扣棚

虽然马铃薯生育期不长，但却可能会高产，这就要以足量基肥作为基础。所以整地之前每亩应施用 3000 千克腐熟的有机肥、50 千克二铵、20 千克硫酸钾，进行深耕。深耕可让土壤变得疏松、透气，还可提高土壤保肥、蓄水和耐旱的能力，保证马铃薯块茎膨大的根系生长可以在良好的环境中进行。整完地后，在播前3～4天扣棚，就能提高地温，对播后出苗有益。依据当地条件确定棚的大小，选择经济合适的材料搭建棚，跨度在4～8米。

（四）适时播种

当棚里温度达到20～25℃、地温达到7～8℃时，就可以播种。中原地区通常在1月底到2月初播种。垄距控制在80～100厘米、小行距为15厘米、株距为20～25厘米，以方便盖地膜。播种的时候，有两点需要注意，一是墒情，假如墒情不好，必须先浇地后播种；二是播种的深度，由于盖上地膜后，培土变得不容易，所以种的比较深，通常为10～15厘米，特别是费乌瑞它结薯较浅，薯块极易有露头青现象，因此更应深播。播种后，将垄面耧平盖上地膜。或者在出苗之后的3月初夜晚棚温有12℃时将地膜去掉，以防匍匐茎伸长太多，延迟结薯。

（五）田间管理

通常播后20～25天出苗，出苗期间应及时破膜露苗，以免幼苗被烫死在膜下。等80%的苗长出后，追齐苗肥，每亩追施碳酸铵50千克。

块茎在现蕾期间开始膨大，此时需水肥量变大，应及时灌溉追肥。通常每亩追施15千克尿素、依据土壤墒情及时浇水，以确保能满足块茎生长的需要。

随着大气温度的上升，留意棚里的温度，当棚里温度高于30℃时，要开口通风。时间通常在上午10点之后开始，下去3点之后结束。及时去掉棚膜是后期管理很重要的一环。去膜时间太早，气温不稳定，过低的气温对植株生长、块茎膨大均不利。去膜时间太晚，棚里温度过高，易使植株徒长，另外，温度太高对块茎的膨大也有不好的影响。通常在清明后气温比较稳定时去掉棚膜。去棚膜前 4～5 天昼夜将大风口打开，以便植株可以适应外界的温度条件。另外，去膜之前必须追肥浇水 1 次，这是因为这个时期地下块茎膨大速度最快，整个植株对肥水需求最多，另一方面也有利于去膜后植株快速适应外界气温。

（六）及时收获

根据植株的生长状况、市场售价及时收获薯块并上市。通常收获时间为 4 月底到 5 月初。马铃薯在进入商品成熟期后随时采收上市，或者根据市场行情及早上市。早熟品种在 5 月 5 日左右、中晚熟品种在 5 月底左右，茎叶从绿变黄且慢慢枯萎，马铃薯已彻底成熟，此时要及时在土壤适当干爽的晴天收获薯块。收刨以上午 10 点以前、下午 3 点以后进行合适。收获前一周不要再灌溉，对贮藏有利。边刨边运输，切勿将块茎暴晒在田间的阳光下，避免块茎被灼伤，而使其在贮存期腐烂。

第三节 三膜覆盖栽培

由于中原地区春季寒冷，使用双膜栽培马铃薯易引发冻害，会使马铃薯产量锐减，为农民带来损失，而三膜（地膜、小拱棚和大拱棚）栽培技术的使用，对上述问题有较好的解决对策。主要栽培要点介绍如下：

（一）选地与整地

要选择地势平坦、土层深厚、富含有机质的轻质壤土。马铃薯栽培整地应深耕，基肥的施用要与整地相结合，每亩地施用1000～1500千克有机肥。

（二）品种选择

要选择市场销售对路、丰产性能好的早熟脱毒品种，比如中薯2号、费乌瑞它、早大白和郑薯5号等。

（三）种薯处理与催芽

把备好的种薯切块，通常1千克切为40块，再放入15～20℃的室内进行催芽，催芽通常在1月10～25日。当芽长1～2

厘米时，取出薯块，移到10～15℃有散射光的屋里绿化处理，增强幼芽的耐寒性。

（四）播种与合理密植

采用双行起垄种植的方式，垄的宽度为80厘米，每垄种2行，间距为15～20厘米，株距为20～25厘米，每亩种7000株，每亩施50～70千克硫酸钾复合肥、10千克尿素、7.5千克钾肥、1千克锌肥和0.5千克硼肥作为种肥。

（五）覆盖地膜与扣棚

种植后先以60～80毫升/亩的用量喷乙草胺除草，使用宽90厘米的地膜覆盖。盖膜之后马上扣棚，通常5垄是1个小拱棚，2小拱棚上再盖1个大拱棚。用宽4米的农膜覆盖小拱棚，用两对接成8米宽的农膜覆盖大拱棚。小拱棚要求不严格，能用较少的竹竿将农膜撑起来就可以，一边的农膜也可以活动；大拱棚则要求严格，拱高要求方便进出，在棚两边，每1.5米打一个桩，用压膜线将棚固定住，以防大风刮倒。

（六）田间管理

1. 出苗期的管理

有50%的苗出土时要破膜，避免烧芽。此后每过4～5天破1次膜，连续破2～3次膜，直到苗出齐。

2. 水肥管理

种植之前，底肥要一次性施足量，不能在生育期单独追肥。

薯块膨大期在叶面喷钾宝、膨大素或0.2%的磷酸二氢钾，都能提高产量。全生育期通常可浇3次水，苗期浇第1次，初花期浇第2次，盛花期浇第3次。

3. 温度控制

苗出齐之后可以白天去掉小拱棚，晚上再盖上，到团棵期可将小拱棚全部去掉。3月中旬气温超过20℃时，每天上午9点打开大拱棚两端通风，约下午3点封口，白天将温度维持在22～28℃，晚上在12～14℃。4月上旬，根据气温变化情况将大拱棚全部打开，进行通风。全打开前的3～4天，先在白天打开，晚上盖上，以炼苗。

（七）病虫害防治

晚疫病是危害大棚马铃薯的主要病害，应多通风换气，使棚内湿度变低，如有病株要尽快拔除，还要连续喷施75%瑞毒霉可湿性粉剂1000倍溶液3～4次，也可以在团棵期，每15天用1∶1000的波尔多液喷1次，直至收获。为害马铃薯的主要害虫有地老虎、蛭螬、金针虫等。可在播种前的土壤中撒地下害虫一遍净来预防。

第五章

马铃薯的地膜覆盖栽培

第一节 北方一季作区早春地膜覆盖栽培

(一) 选地整地

(1) 选地要求　选择坡度为5°～10°的地势平坦的缓坡地；土质要疏松、土层深厚，有很好的保肥水能力，有水源，排灌都方便；土壤有中等以上的肥力。不能选择石砾地、陡坡地、瘠薄地、涝洼地以及沙巢地。

(2) 整地要求　以深翻20～25厘米且深度一致为基础，精整细耙，使土壤达到深、平、松和净的标准。具体就是应做到无杂物、无坷垃、干净平整、无碎石、无茬子、墒情要好。如有需要，可以先灌水增墒，然后再整地。

(3) 按配方施肥　依照配方喷药施肥能使地温升高、消灭杂草、促进出苗、加快成熟、提高产量，从而尽快上市。选择适合种植马铃薯的地势平的地块，按照配方施肥技术，施用种肥、底肥和防治地下害虫的农药。播完种后喷除草剂，接着覆膜，要紧贴着地面压实，不要有缝隙，膜上应该平坦。

（二）田间管理

（1）引苗　不管是先播种后覆膜还是先覆膜后播种，都要引苗。有两种引苗方式。

①破膜引苗。在幼苗拱土的时候，及时用小铲对准幼苗，将膜割成“T”字形口，引苗出膜，膜口用湿土封住。

②压土引苗。就是薯芽在土中厚5～6厘米时，从床沟中取土，盖在播种沟上，厚度为5～6厘米，轻拍成顺垄的土埂，依靠薯苗的力量破膜出苗。对覆膜的检查：在生长中，应时常检查覆膜。假如覆膜被风吹开，被磨出裂口或被牲畜践踏，应尽快用土压住。

（2）喷药　植株的生长后期与传统植株相同，应及时施药，预防晚疫病。

（3）后期上土　薯块膨大期注意上土，防止有青头现象，降低品质。

（4）覆膜程序　总体来看，覆膜栽培马铃薯有两种连贯作业程序：

①深翻→耙耢整地→开沟→施入肥料、杀虫剂→播种时封沟耧平床面→喷洒除草剂→铺膜压严。

②深翻→耙耢整地→开沟→施入肥料和杀虫剂→封沟耧平床面→喷洒除草剂→铺膜压严→破膜挖坑→播种→湿土封严膜孔。

（5）注意事项　要把握好播种时间。与传统种植相比，覆膜种植出苗更快，通常提前约7天。因此播种时间要尽量使出苗赶到晚霜之后。在北方特别要注意不可过早播种；覆膜播种时，最好使种薯经过困种或催芽，在种薯的幼苗萌发后才种植；覆膜种植要用大块薯芽，以每块 40～50 克为最好。也可以用小整薯播种，这样能使单株长势旺盛，更好发挥增产潜能。

第二节　中原二季作区地膜覆盖栽培

由于中原二季作区早春栽培的马铃薯温度不高、缓苗不快，使用地膜有保温增湿、出苗整齐、提前膨大、增产增收的作用，尤其是可使海拔不足 400 米地区的春季马铃薯提早收获，提升价格，既增收又增产。盖上地膜后可以充分利用冬天及早春的光和热，让表层土壤上升 3～5℃，对土壤微生物的活动有利，可加快有机质的分解，提高养分的利用率。盖上膜后能提前 10～15 天出苗，达到高产目标。试验显示，覆盖地膜的栽培方式，能让马铃薯增收 26.7%～29.5%。

（一）整地施肥

选择地势较高、肥沃疏松、方便灌排且前茬种植禾谷类作物的壤土或沙壤土。多施基肥，增加磷、钾肥的施用量，播种之前开沟，基肥要一次性施够，通常每亩以农家肥 5000 千克、过磷酸钙 25～30 千克、草木灰 100～150 千克（也可用 10～15 千克硫酸钾代替）作为基肥，播种之前与基肥相结合进行深翻。为方便地膜覆盖，可用宽垄双行地膜覆盖的栽培方式，垄宽 70～80 厘米、垄高 15～20 厘米、株距 20～25 厘米。早春地膜覆盖栽培要保持的种植密度约为 5000 株/亩。

（二）种薯准备

选择商品性好、高产、早熟且没有虫伤、破损、病斑和畸形的健康的脱毒种薯，比如种薯 3 号、早大白、东农 303、津引 8 号、尤金、克新 6 号、费乌瑞它、鲁引 1 号和克新 1 号等优良品种。每亩约用种 150～180 千克。

（三）切块

为确保马铃薯能整齐出苗，可以把种薯切成块来打破顶端优势，方法和露地马铃薯切块一样，确保每个种薯块不少于 30 克，每块都有 1～2 个芽眼，还要除去脐部腐烂、芽眼坏死、皮色暗淡的块茎。用草木灰将切好的马铃薯拌种，不但可以作为种肥，还能防病。切块的方法和北方一季作区马铃薯高产栽培技术的内容相同。

（四）催芽

覆盖地膜的栽培方式既能直接种植，又能催芽后再种植。经过催芽后种植马铃薯对预防因为土壤湿度过大造成烂薯非常有效，可以增加出苗率。通常 12 月中旬在室内、温床、塑料大棚和小拱棚等较为暖和的地方催芽。如果休眠时间较长，比如费乌瑞它，在播种前约 20 天用 5～10 毫克/升的赤霉素浸种 10 分钟，等出芽后再切块催芽。费乌瑞它还非常容易烂种，所以在催芽时，温度不要太高，湿度也不要太大。催芽时的温度对马铃薯催芽时间的长短有很大影响，温度高催芽时间短，温度低催芽时间长。通常最适于催芽的温度为15℃。如在室内催芽，就可用两三层砖砌成长方形池；如果是在室外，就可以挖一个深20厘米的坑，然后放厚度为2厘米的湿润细沙，把切好的薯块摆放一层，再铺厚2~3厘米的湿润细沙，放了4~5层之后，用草将最上面盖上，等约20天马铃薯有1~3厘米长的芽时扒出来，平放于室内可见光的地方，2天后幼芽变为浓绿色就能播种。注意催芽时要多翻动薯块，一旦有烂薯立刻清除。

（五）适时播种

马铃薯的播种时间对其增产的影响是非常大的，确定播种时间的时候，应当想到种植后的地温对种薯和出土幼苗的影响，种植后温度太低，种薯和出土幼苗易受冻，因此选择播期很重要，要挑寒流之后、气温上升的天气，土温维持在7~9℃的时候种植。马铃薯高产的中心环节是合理密植，匍匐茎长、分枝多、分散结薯的品种种植宜稀，反之宜密播；肥沃的地块宜稀播，瘠薄的地块宜密播。中晚熟品种合理稀播，早熟品种合理密播。开沟播种最佳，种芽向上栽种薯块。播种时，应留意墒情，假如墒情不好，必须先洇地再种植，整地、播种同步进行，确保足墒种植、以种出全苗；此外也应留意种植的深度，这是因为盖上地膜后，培土变得不容易，因此播种深度要比露地深，通常为10~15厘米。假如种植得不够深，后期薯块露出地表会变绿，这样就没有了商品价值，特别是费乌瑞它品种结薯不深，很容易就出现露头青现象，更要深播。播种后盖土，并耧平垄面盖上地膜。底肥施足的前提下，使用20～30千克碳酸铵和20千克磷酸二铵、20～25千克硫酸钾作为种肥，或者用50千克15-15-15的硫酸钾型复合肥作为种肥也可以，施于播种沟或播种穴里，注意尽可能减少肥料与种薯的接触。

（六）覆盖地膜

通常农用薄膜厚0.004～0.006毫米，在实际生产中依据具体要求加入不同物质，就生产出黑色膜、黑白双面膜、无色透明膜、蓝色膜、绿色膜、银灰色膜、红色膜、杀草膜、防虫膜、光降解膜以及红外膜等。现在马铃薯生产中以无色透明膜最为常见。地膜厚薄不同，所测膜内温度也有所不同。覆膜初期（10天以内），原垄土壤温度较低时，与厚0.015毫米的薄膜相比，厚0.005毫米的薄膜下的土温更高；但覆膜时间超过15天，此结果就是相反的。不过随着气温上升和植株长大，不同厚度膜间土温的差异不超过0.1℃，可看做基本不存在差异。地膜颜色不同，测温结果也不同。绿色膜、红色膜与透明膜有相似的增温效果；黑色膜增温作用最差，但仍可比裸地提高1～5℃；银灰色膜增温效果在黑色膜和透明膜之间。但是日平均气温约在10℃时，黑色膜与裸地相较，有增温作用，但效果不如透明膜；日均温16～20℃时，黑色膜和裸地土温接近，基本没有增温作用；日均温超过20℃时，黑色膜与裸地相较土温反而更低一点，有降温作用，最高土温在25～28℃，因此，选择黑色膜覆盖对马铃薯生长后期遇高温障碍可起到很大作用。

（七）覆盖后土肥水管理

盖上地膜之后的马铃薯长势很好，蒸腾会消耗很多水分，如果不改变管理方式，容易导致植株缺水，要注意浇水，以防发生干旱，导致减产。因为地膜覆盖可以增温保湿，所以对土中微生物的增殖有好处，可以加快腐殖质向无机盐的转化，使植株能更好吸收。测定显示，盖地膜后能减少养分的流失、淋溶和挥发，使养分的利用率得到提升。但是，覆盖地膜后，养分在马铃薯生长前期比较多，到了后期就有减少的倾向。在薯块膨大期要合理及时地追加肥料。另外，盖地膜能避免由于灌溉或雨水冲刷而产生的土壤板结现象，能减少中耕劳力，还可以使土壤疏松、通透，协调土中水、肥、热和气等条件。最后，还能预防返碱现象，减少盐渍危害。盖地膜后，中午能让植株中、下部叶片多得到12%～14%的反射光，与裸地相比光亮增加了3～4倍，还能延迟中下部叶片的衰老，促使干物质的累积，因此有增产效果。

在晴天高温时，地膜与地表之间的温度常会有约50℃，从而使草芽及杂草枯死。盖膜前后使用一些除草剂，能预防杂草，减轻以后除草消耗的劳力。不过，如果不施用除草剂或者地膜质量不够好，就会产生草荒现象。因为覆盖地膜后植株生长健壮，能增强抗病性，减少发病可能。盖银灰色反光膜还有避免蚜虫的效果，能减少病毒的危害和传播。

（八）适时破膜放苗

当3月上中旬薯芽破土出苗、即将顶膜的时候，及时在破土处对应的地膜上划4～5厘米长的口，引苗出膜，还要在地膜破口处放一点细土，盖住地膜的破口，以防地膜内温度过高的气流使马铃薯幼苗被灼伤。不可太晚破膜，避免高温烧苗，破膜孔也不要太大，否则就会降低保温效果，并滋生杂草。

（九）出苗期管理

将保温增温作为中心，通常不浇水、不施肥，假如真要浇水，也要小水浇，避免烂种，影响出苗，尽快查苗补苗，以保证苗出全、长齐、长壮，灌溉或下雨后要及时松土。出苗之后应及时破膜放苗。出苗后促根壮苗是管理的重点。如果出苗后干旱，土壤墒情不好，要适量灌溉，加快生长，提高抵抗能力，灌溉后尽快中耕，及时将田间杂草清理掉，团棵前后培土。发棵期的管理工作是加速植株生长，加强水肥管理，以水促肥，底肥不足的地块，可适当补加速效肥料。不旱不浇，松耕沟底土壤，与中耕相结合，进行浅培土。结薯期的管理工作就是避免茎叶早衰，增长茎叶功能期，加快块茎的膨大。确保土壤一直处于湿润状态，水分供应要充足。不过灌溉时应避免用大水漫灌。适时补土，避免块茎变青。收获之前1周不要浇水，加快薯皮老化速度，以便收获。

（十）适时收获

和露地栽培相较，地膜覆盖栽培大约能提前10天上市。选择晴天时收获，确保薯皮光滑，提高商品性，抢占市场销售空档，增加经济效益。

第三节 南方二季作区地膜覆盖栽培

（一）选择合适的品种

要选择早熟品种，比如早大白、东农303和超白等脱毒种薯。在栽培过程中马铃薯的种性会较快退化，连续栽培两年，产量就会显著减少，薯块也会变小，商品率降低，所以，要想高产，就要选脱毒种薯。

（二）整地施肥

马铃薯有较强的适应性，但要想丰产，就应选土层深厚、中上等肥力、土质疏松、方便排灌且不和茄科蔬菜重茬的沙壤土或壤土地块。马铃薯的生长需要较多钾肥，因此要以农家肥为主、以化肥为辅，还要注意施用钾肥。每亩约施3000千克农家肥、50千克尿素、30千克磷酸二铵和50千克硫酸钾（或氯化钾），在种植前撒播或种植时施进沟。最好选在秋季整地，深翻22～25厘米，翻地与耙压同步进行，在种植前起垄，高度约为15厘米。

（三）处理种薯

晒种、切块以及催大芽的方法可以参考第三章北方一季作区的露地栽培技术的相关内容。芽长到2~3厘米、幼根出现时就能种植。或者将小整薯（20~50克）催芽后播种，根据试验显示，与切块播种相比，直播小整薯约可增产20%。

（四）适时播种

因为马铃薯形成块茎所需适温约为15℃，大概在20℃时块茎的形成就会延迟；块茎膨大适温约为20℃，温度高于25℃就不会再生长。因此如果满足温度条件，就应尽可能早播，让马铃薯在适温的环境中生长，高温来临之前已完成生长，当10厘米深土温在4~5℃时就能种植了。种植时小行距为40厘米，大行距为80厘米，株距22~25厘米。种植后均匀将除草剂喷在畦面和垄沟内，除草剂可用100~130毫升90%的乙草胺或100~150毫升48%的氟乐灵，分别对水30~40升。

喷完除草剂马上覆膜，选择0.005~0.008毫米厚、90~100厘米宽的膜。盖膜时应当拉紧，紧贴地面，床边和床头的薄膜要埋入土中约10厘米，还要用土埋住压严，用脚踩实。覆膜时应遵循“严、紧、平、宽”的原则，就是指要压严边、盖紧膜，保持膜面平整。为避免大风将膜吹起，可以在床面上每隔一段压一个小土埂。

（五）田间管理

及时放风引苗，由于催大芽播种导致较早出苗，要及时破膜引苗。在幼苗拱土时，用小铲或利器在幼苗对应的膜上割出“T”字形口，将苗引到膜外，再用湿土将膜孔堵住。生长中应常常检查覆膜。假如覆膜磨出裂口或被风揭开，要尽快用土压住。

马铃薯的现蕾和开花期需水量大，要及时浇水，要不然就会严重影响产量，还会使畸形薯增多。灌水方法是在现蕾期浇第一水，过10天浇第二水，之后依据天气和马铃薯的生长情况浇第三水，通常浇三次水就行了。

如果当年雨水多，茎叶就易徒长，这时在花期施用多效唑就能控上促下，用15%粉剂加水然后均匀喷洒在秧上，最好别喷在地上。在生长后期薯块膨大的时候，假如由于播种浅而使块茎破土露在膜内，就会出现青头，降低品质，这时可以再从床沟中深挖取土补于根部，避免阳光直射，就能缓解青头情况。马铃薯生长后期注意预防晚疫病。

（六）适时收获

在单株薯重约达到500克时依据市场行情及时收获上市。

第六章

马铃薯的特殊栽培

第一节 稻草覆盖免耕栽培

一、复种多熟栽培模式

（一）粮、粮型搭配栽培技术

1. “马铃薯—稻—稻”模式

此模式适于南方二季作区的生产。每亩地可以生产1500千克马铃薯、1000千克粮食，产值有3300余元，去掉生产成本可收入2200余元。

2. “马铃薯—稻—再生稻”模式

这种生产模式近年来得到了推广应用。每亩地可以生产1500千克马铃薯、1100千克粮食，产值可达2500元。此外，第二季水稻不用育秧、翻耕和移栽，省力、省工又省种子，所以深受农民的欢迎。

3.“马铃薯—稻—秋大豆”模式

适宜利用此模式的地区是秋季灌溉用水供应不足的地区、中原以及南方二季作区。每亩地可以生产1500千克马铃薯、500千克稻谷和600千克鲜豆荚，产值有2600余元。

（二）粮经搭配型栽培技术

1.“马铃薯—早中稻—大蒜”模式

应用此模式生产，每亩的产值可以超过4000元，其中马铃薯的产值为1690元，早中稻为605元，大蒜为1796元。除去成本，可有超过2500元的净收益。

2.“马铃薯—西瓜—稻”模式

应用此种模式生产，每亩可产100千克马铃薯、2000千克西瓜、500千克稻谷。三项合计可有2800元的产值，去掉成本可以有超过1500元的净收入。

3.“春马铃薯—西瓜—秋马铃薯”模式

应用此种模式生产，每亩可产1512千克春马铃薯、2102千克西瓜和1475千克秋马铃薯。即使市场价格整体不高，但是产值依然可超过3850元，纯收入有2450元，有很不错的经济效益。

4.“马铃薯/西瓜+春玉米—稻”模式

应用此种模式生产，每亩可产800千克春马铃薯、2100千克西瓜、280千克鲜玉米、503千克水稻。可以有4660元的产值，去除生产成本，可有超过2800元的净收入。

5.“马铃薯—黄瓜—晚稻”模式

应用此种模式有较好的社会效益、经济效益。每亩的效益有3000元，可产近500千克粮食。

6.“马铃薯+芋艿—晚稻”模式

使用双膜保温栽培应用此模式，马铃薯和芋艿都能在1月上旬提早种植，分别在4月上中旬、8月初收获，与露地栽培相比提前了一个月上市。所以产量高、价格也高。收获芋艿后，播种晚糯稻，产量稳，经济效益也较高。每亩可有3030元的产值，去掉生产成本，净收入为2261元。

7.“马铃薯—稻—盘菜”模式

应用此生产模式，每亩一年能创造2811元的产值，去掉生产成本，可有1758元的净收益。既可以充分利用山区的光、温资源，使复种指数得到提高，又能丰富市场供应，使社会有效供给量增加，加快蔬菜生产的发展。另外，水旱轮作也可以改变土壤的理化性状，使病虫害和杂草的危害降低，对各季作物的生产有好处。

8.“马铃薯—生姜—冬菜”模式

应用此种模式，每亩可以生产1725千克马铃薯、1675千克生姜、3146千克冬菜。这三项加起来有3174元的产值，净收入可超过2000元。

9.“大棚瓠瓜—蔬菜—秋马铃薯”模式

应用此种模式，每亩可生产出3611千克大棚瓠瓜、2138千克夏白菜、536 千克秋马铃薯。全年总产值为 16173 元，其中瓠瓜 11028 元、夏白菜 4256 元、秋马铃薯 889 元。去掉生产成本，总净收入为 13078 元，其中瓠瓜 8443 元、夏白菜 3961 元、秋马铃薯 674 元。由此可见，此生产模式有十分显著的经济效益。

10. “马铃薯/春玉米/辣椒”模式

应用此种模式，每亩可以生产出 1550 千克马铃薯、412 千克春玉米（干籽）、1584 千克辣椒。合计产值有 2148. 9 元，有比较显著的经济效益。

11. “马铃薯/生姜/玉米/西瓜”模式

应用此生产模式，每亩可以生产出 1160 千克马铃薯、970 千克生姜、970 千克玉米和 1140 千克西瓜。全年可有 3194 元的产值，扣除成本，可有 2091 元的净收入。此模式对提高土地商品率和产出率有积极作用，所以受到了各地群众的欢迎。

12. “马铃薯/生姜+玉米—蔬菜”模式

此模式是分带间套种植，能使光、水和温度资源得到充分利用，达到高产高效。每亩地一年能收获 1322 千克马铃薯、372 千克玉米、1715 千克生姜以及 1815 千克白菜，合计产值达 5125. 92 元，去除成本，净收入为 3880 元，有很显著的经济效益。

13. “马铃薯/鲜食玉米+花生—豇豆—萝卜”模式

应用此模式能在一年里收获 5 次，每亩地可以生产 1000 千克马铃薯、120 千克鲜玉米以及花生、豇豆和萝卜等。总产值为 8100 元，其中马铃薯为 1700 元，鲜玉米为 1600 元。去掉成本净收入为 6085 元，有非常显著的经济效益。

（三）粮饲型搭配栽培技术

1. “马铃薯/春玉米/甘薯”模式

应用此模式，每年可生产1920千克马铃薯、351千克春玉米、2394千克甘薯，可以有2133元的产值。

2. “马铃薯—甘薯—萝卜”模式

应用此模式，每亩可以生产出1426千克马铃薯、3105千克甘薯和2136千克萝卜。总产值有3196.2元，去掉生产成本，可有1917元的净收益。

二、稻草覆盖栽培方法

稻草覆盖免耕马铃薯栽培技术是一个创新，是为了解决马铃薯传统栽培方法操作复杂、费工费力的难题，依据马铃薯由地下薯块膨大而形成的生长发育规律，在温湿度适合的条件下，只要将植株基部遮光就能结薯的原理，研究改进的一项节省工本、增产增收的轻型栽培新技术，其中最明显的特征就是将传统的稻田翻耕改成免耕、将挖穴下种改成摆薯和盖稻草、将挖薯改成捡薯的一种简化栽培技术。因为马铃薯收获时正好是淡季，有很好的效益，因此受到农民的喜爱。马铃薯是南方二季作区主要的冬种作物之一，而且容易被霜冻、干旱和春涝等灾害性天气影响。为了让冬种免耕马铃薯早熟、高产、优质，现把其栽培技术要点介绍如下。

（一）选择优良品种

适合选用克新 2 号、克新 4 号、克新 18 号、东农 303、奉薯 4 号、粤引 85－38、大西洋以及费乌瑞它等早中熟的脱毒良种。适宜播种 20～30 克的小薯整薯，要求种薯光滑、新鲜、整齐且无病虫害。

（二）选择稻田，整地施肥

（1）选地、整地　要选地势平坦、方便排灌、土质疏松、土肥良好的沙壤土，不要选涝湿地、低洼地。

（2）施足基肥，根外追肥　播种时底（基）肥一定要一次性施够，增施磷、钾肥，每亩通常施用 1500～2000 千克腐熟农家肥、50～75 千克三元复合肥，要将化肥和农家肥搅拌均匀。播种后将肥料施到 2 个种薯之间，肥料与种薯间距为 5～8 厘米，防止因间隔太近引起烂种缺苗。

（三）种薯处理

不要直接播种还没有发芽的种薯，应先放在阴凉的地方，待其自然发芽后再行种植，防止种植后出芽晚、出苗率低且参差不齐。选用小薯整薯，在播种前催芽就可以了；切薯块播种的应在种植前 10～15 天催芽，每个切块有 1～2 个芽眼，重量在 20～30 克，切之后种薯的切口要用石灰粉消毒。带芽播种是使马铃薯早出苗、出壮苗的关键步骤。

（四）播种

马铃薯喜欢生长在凉爽的气候环境中，平均适宜日温低于25℃。海拔低于300～500米的平丘区适宜在9月中下旬至10月中旬播种；海拔在500～800米的低山区适合在8月下旬种植。依照株距20～25厘米、行距30～35厘米放好种薯，保证种薯的芽眼侧向或者朝上，种植密度为5000～6000株/亩，可用碎泥薄盖种薯。种植后，将基肥点施或撒施在种薯中间，注意种肥一定要相隔，防止沤种、烧芽。

（五）覆盖稻草

种植完、施用肥料之后，将整个畦面用稻草盖住，尽可能保证畦面整齐、均匀、压实，实行和畦面呈垂直方向双向覆盖，平铺稻草，稻草基部摆在畦的两侧，尾部朝畦内，以8～10厘米的厚度合适，每亩约用1000千克稻草。应当做到不露土面，沿海地区为了避免风吹走稻草，在畦旁两边的稻草上以一定距离压些土块就行了。覆盖太厚的稻草，不但导致出苗慢，还导致茎软弱细长；稻草过于薄，又无法实现增温的目的，还易因为漏光而增加绿薯率，严重时不结薯；假如稻草厚薄不匀，那么出苗就不齐；假如稻草交错缠绕，就会导致“卡苗”现象出现。

盖上稻草后，应当灌一次跑马水，就是全田畦沟灌水2/3之后，就马上将水排出，不可使田水漫过畦面，田水停留不可多于12小时，或者浇水湿润稻草和土壤。要保持清洁平整的畦沟，将排水沟、出水口挖好，以防降雨积水。

（六）田间管理

（1）查苗补缺　要在出苗后逐行检查，发现缺苗、死苗，要及时补种，确保全苗。有些苗在出苗期被稻草缠绕住，可以用木条将其拨开，促使快速出苗。

（2）施肥　生育期间通常不再施肥。如有条件，可追 2 ~ 3 次肥：出苗达 80% 时就能追第 1 次，每亩用 5 千克尿素、5 千克硫酸钾复合肥；在现蕾期前后可追第 2 次肥，每亩用 5 ~ 8 千克尿素、5 千克钾肥和 10 千克硫酸钾复合肥；马铃薯进入结薯膨大期后，开始第 3 次追肥，每亩用 5 千克尿素、10 千克钾肥和 10 千克硫酸钾复合肥。从现蕾期开始喷叶面肥，每过 7 ~ 10 天，结合病虫防治每亩用 100 克尿素、150 克磷酸二氢钾、9.50 克高美施加 100 千克水喷在叶面上，共需进行 5 ~ 6 次。

（3）灌溉　通常冬作区冬天少有降水，土壤容易旱，由于免耕栽培种薯在土壤浅层，因此与传统栽培法相比旱情更严重，在苗期遇干旱时，根不伸长、芽短缩，无法出土。就会延迟出苗时间，耽误后期的生长，生长期严重干旱的田地，茎叶细弱、植株矮小时就会结薯，使得薯块小，商品薯率低，免耕一定要依据马铃薯各时期的需水规律，做好水分管理工作。播种后的发芽期通常应使种薯上面的土壤处于干爽状态、下面的土壤处于湿润状态，保证出苗适时，土壤适宜含水量为田间最大持水量的 65%，假如遇到干旱，应及时灌水或浇水。在生长中期，使地块处于湿润状态，土壤适宜含水量为田间最大持水量的 85%，如果这个时候碰到干旱，宜灌 1 ~ 2 次“跑马水”；如果生长后期雨水多，要及时清沟排渍。水分太多，会使土壤太潮湿，薯块的气孔就会外翻开裂，从而使薯皮变得粗糙或薯块烂掉。

（4）加强后期薯块检查　发现薯块见光变青应尽快覆盖细土遮光。

（七）防治病虫害

在马铃薯生长后期，用稻草进行覆盖，田间湿度大，如果降水量较大，要尤其预防晚疫病。地老虎等地下害虫都很可能发生，因此也要抓紧防治。

（八）防霜冻害

冬种马铃薯在正常年份可以安全过冬，不太可能受到低温霜冻的危害，不过也不排除有些年份在 1 月份左右会遭受低温霜冻的危害，特别是免耕畦面大，其受冻情况比窄垄（畦）更严重，所以更要时刻准备预防低温冷害。

（九）收获

当马铃薯植株不再生长、大多数茎叶从黄绿色变为黄色、茎部叶片脱落时，就能挑选晴天进行收获，采收前约 10 天应停止灌溉，以此提高耐贮性、增强品质。使用稻草盖住种植的马铃薯，70% 的薯块都在土表生长，收获时不用挖薯，只要拨开稻草就可拣薯。假如要分批或分级收获，要马上重新盖好稻草，不要漏光使薯块变绿，造成损失。这是由于有很多稻草已经腐烂，经扒开收一次薯后，全田稻草的遮光作用和能力迅速下降。每亩马铃薯平均产 1350 ~ 1450 千克，高产的可有 2000 千克。

第二节 间作套种栽培

因为马铃薯早熟、棵矮、喜冷凉、在地下生长，此外还是须根系，所以是比较广泛的间、套种作物。它能和高棵作物搭配互补；也能与晚熟作物搭配，以减少共生时间；还能和地上结实作物搭配，给它留下营养面积和空间等。我国农民在实际生产中使用这个规律，创造了马铃薯和其他作物间、套作的多种方式，这对增加复种面积、充分利用土地、增产增值和增加经济效益都很有利。

（一）马铃薯与粮、棉间套作

在我国中南部地区，马铃薯经常和棉花、玉米等作物间、套作。有的马铃薯品种结薯早、生长时间短，多半是直立型的矮小植株；比棉、粮作物播种时间早，在其收获时，棉、粮作物才到生长盛期，棉、粮间套作共生期没有什么不良影响。收获马铃薯后，田间通风透光性变好，边际效应变大，十分有利于棉花、玉米等作物的生长。“粮棉不少收，多收一季薯”是农民的经验。依据多数农民的生产收入统计得知，间作套种马铃薯的作物，总收入可增多30%~40%。湖南、湖北、安徽、江苏、山东、河南和河北等省有很多农民常在种植马铃薯时和棉花、玉米、甘薯、大豆以及烟草等间作。云南、贵州和四川等省的山区在种植马铃薯的田地中点播玉米，开展薯、粮混种，都比单作要多收。

1. 马铃薯与玉米间作

（1）2 比 2 间套种　农民的种植经验和试验结果都可以显示，马铃薯和玉米间作适宜以 2 行马铃薯、2 行玉米（即 2∶2）的方式种植。株、行距可依据玉米和马铃薯品种的植株高矮和熟期来定。在山东省滕县，马铃薯和玉米间作，选择坝薯 9 号或高原 7 号的马铃薯品种和中单 2 号春玉米品种。马铃薯催大芽在 3 月上旬种植，玉米在 4 月上旬种植，用 2∶2 的种植方法，马铃薯和玉米的株、行距都是 30 厘米，每一播幅宽 120 厘米。马铃薯和玉米的种植密度都是 3700 株/亩。种植马铃薯时中间空（相距）90 厘米，等种玉米时保持行距各 30 厘米就好。假如马铃薯与玉米的植株都比较高大，就适量加宽株、行距。比如使用 2∶3 的种植方式，2 行马铃薯 3 行玉米，马铃薯行距 60 厘米，株距 20 厘米；玉米行距 40 厘米，株距 30 厘米；马铃薯和玉米的距离为 30 厘米，每一播幅宽 200 厘米。马铃薯和玉米的种植密度均为 3333 株/亩。种植马铃薯时，中间空 140 厘米，可种植 3 行玉米。

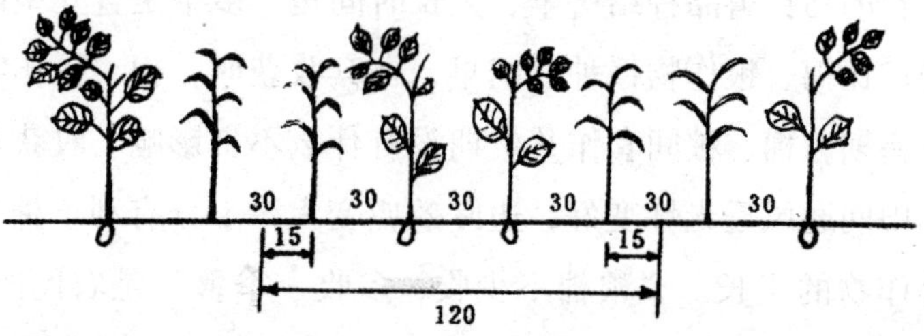

2∶2(马铃薯：玉米)

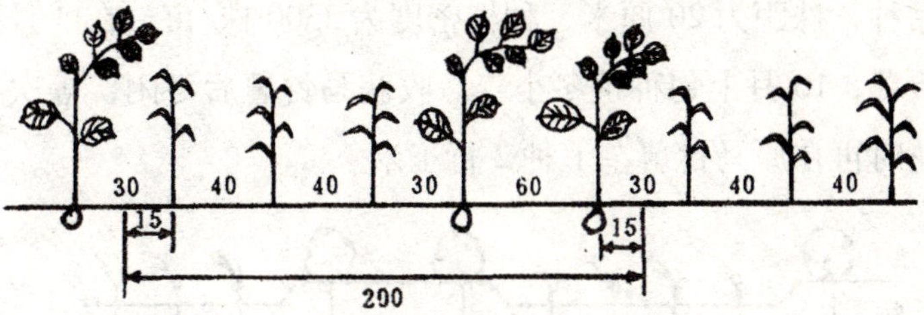

马铃薯与玉米间作

(2) 大带距间种　在北方一季作区，以马铃薯为主的大带距间种的种植方式较为多见。马铃薯 4 垄、玉米 2 垄，行比是 4∶2，一带总宽 3 米。马铃薯和玉米全部是 50 厘米的行距，每行马铃薯、玉米均占 0.5 米。马铃薯的株距定为 24 厘米，种植密度为 3700 株/亩；玉米株距定为 20 厘米，种植密度为 2200 棵/亩。马铃薯和玉米同时播种。

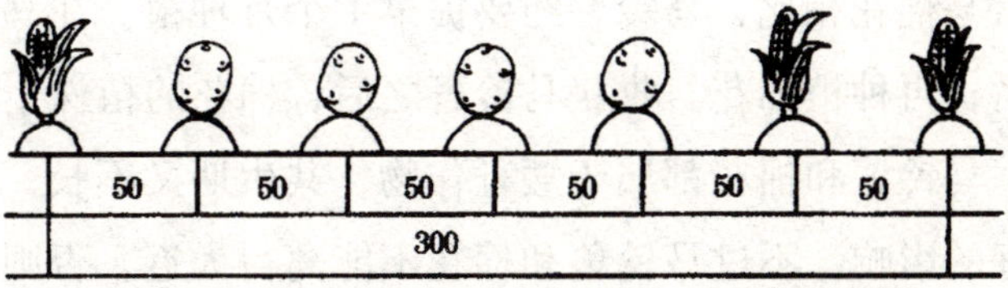

马铃薯玉米 4 比 2 间种模式

2. 秋播马铃薯与冬小麦，春玉米间套种

在中原地区和西南山区，有些人将秋播马铃薯和冬小麦、春玉米间套作。实际操作时，2 行马铃薯、4～5 行冬小麦，2 米宽一带，两行马铃薯间距为 55 厘米，马铃薯与小麦有 35 厘米的垄间距，小麦有 25 厘米的垄间距。为避免马铃薯和小麦用水冲突，要将马铃薯做成高垄（床），把小麦种在下边。应选择早熟的马铃薯品种，株距为 20 厘米，种植密度为 3300 株/亩。在 8 月初种植马铃薯，10 月上旬种植冬小麦。收获马铃薯后冬闲，等次年小麦扬花时再在原马铃薯垄上种 2 行玉米。

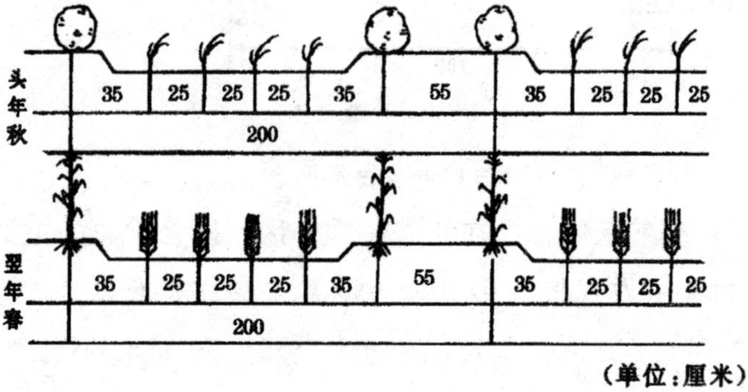

马铃薯冬小麦春玉米间套复种模式

3. 马铃薯与棉花间作

通常与棉花相比，马铃薯约要提早 1 个月种植。在马铃薯长齐苗之后，再种植棉花。收获马铃薯之后，棉花的植株生长才进入盛期。马铃薯和棉花都属于矮秆作物，共生期又不长，不会有什么不好的影响。不过马铃薯和棉花不能离得太近，否则马铃薯在齐苗之后长势很好，会对棉苗遮光，对棉苗生长不利，此外还对马铃薯的培土和田间管理不利。通常以 2∶2 的种植方法，马铃薯的株距为 20 厘米、行距为 60 厘米，棉花株距为 20 厘米、行距为 40 厘米，马铃薯与棉花的距离为 40 厘米，每一播幅宽为 180 厘米。种植马铃薯时，中间空 120 厘米，可以种植 2 行棉花。马铃薯和棉花的种植密度为 3700 株/亩。假如棉花植株不大，可以将株距、行距以及棉花和马铃薯之间的距离缩小。

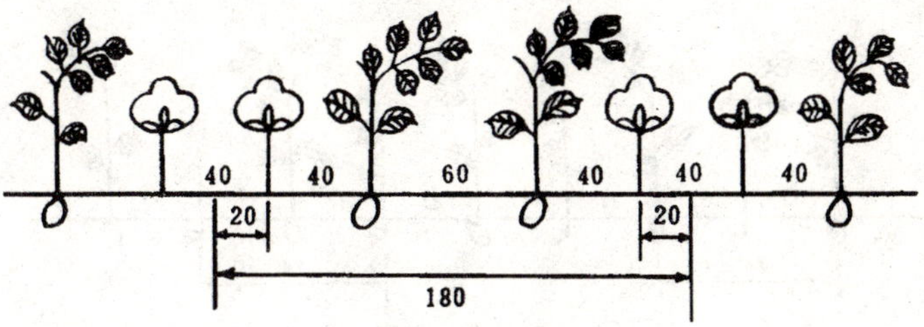

马铃薯与棉花间作

4. 马铃薯与甘薯间作

虽然马铃薯和甘薯的块茎和块根都长在土里，但马铃薯耐寒，可早种植，甘薯却怕霜冻，只能晚种植。只要管理得当，两者几乎没有相互遮阴的问题。由于甘薯在前期的植株生长、根系发育都很缓慢，故马铃薯可充分利用这段时间生长。等到甘薯分枝增多、茎蔓蓬勃生长时，马铃薯已经可以采收了。各个地区采用的马铃薯和甘薯间作的方式很多。广东潮阳等地区种植 2 行马铃薯、1 行甘薯，而山东青岛、安徽界首等地则大多种植 1 行马铃薯、1 行甘薯。马铃薯和甘薯的距离为 37 厘米。马铃薯与马铃薯、甘薯与甘薯之间的距离均为 74 厘米。马铃薯株距是 18 厘米，每亩 5000 株，甘薯株距 33 厘米，每亩 2730 株。马铃薯前期培土成垄，而甘薯就种植在垄间的平地上，等采收马铃薯时将马铃薯的垄变为平地，将甘薯的平地变成垄。

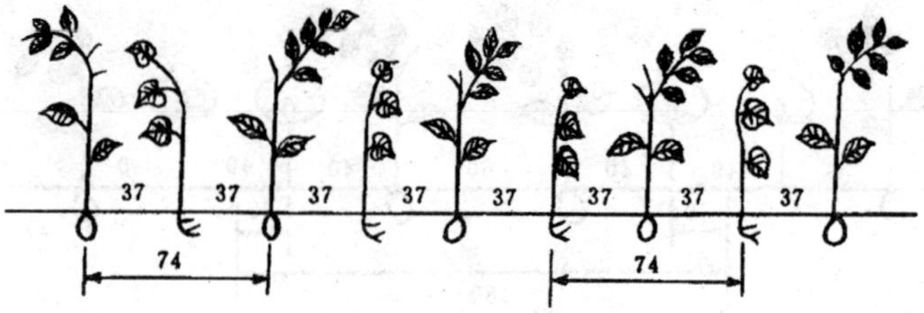

1：1（马铃薯：甘薯）

马铃薯与甘薯间作

（二）薯菜间套种形式

在以蔬菜种植为主的地方，不少农民根据马铃薯早熟、喜低温的特性，使之跟喜低温的蔬菜间套作，以便将无霜期和地力充分利用起来。他们创造了很多间套复种的方式，有了一年三收、四收甚至五收的模式，有非常好的产量和效益。比如马铃薯和生长期较长的爬蔓瓜类间套种、和耐旱且速生的叶菜类套种、和生长时间长的茎直立的茄科蔬菜间套种以及和耐寒生长时间长的其他蔬菜间套种等。

第三节 马铃薯无公害栽培

（一）环境质量要求

马铃薯种植田应远离有“工业三废”污染的区域，其环境条件应与 GB/T18407.0—2001 的要求相符合。应当选择地势平坦、清洁卫生、土质疏松、方便排灌、土肥好、土层深厚、清洁卫生、微酸性的沙壤土或壤土为生产场地，最好前茬不是茄果类、薯芋类蔬菜，且重茬不能超过两年。

（二）播种

1. 品种选择

选择优质、耐热、抗病、早熟、芽眼浅以及休眠时间短的品种，最好选择脱毒品种，比如早大白、东农 303、鲁马铃薯 1 号等，种薯要无腐烂、无病虫、无破损。

2. 催芽

可以整薯种植，也可以切块播种，秋作最好整薯种植。播种前的 20 ~ 25 天要开始催芽。如果是整薯播种，要求块茎重 30 ~

50 克；若是切块播种，要求块茎重约 25 克。切块上要尽可能有顶部芽眼，以保证能整齐出苗，每个切块至少有 1 个芽眼。切块上的刀口晾干、愈合之后，放在黑暗、潮湿的环境中催芽；或在阴凉潮湿处做成催芽床催芽，床内先铺厚度为 5 厘米的沙子，然后密排薯块，不要超过 5 厘米厚，再然后盖厚度为 5～7 厘米的沙子，使床土维持潮湿状态；床温为 16～20℃。待芽长 0.5～1 厘米时，摊开晾芽；春播时，种前应炼苗 2～3 天。

3. 整地施肥

马铃薯是喜钾作物，生产 1000 千克的薯块大概要吸收土壤中的 2 千克磷、5 千克氮以及 11 千克钾。施肥量要依据土壤养分测定的分析结果、蔬菜作物需肥规律以及肥料效应确定，实行测土平衡施肥。每亩通常施用 3000 千克优质腐熟有机肥、10 千克尿素、20 千克过磷酸钙和 25 千克硫酸钾，施用后，将地整平。

4. 播种技术

通常春播种植密度约为 4500 株/亩，秋播密度约为 5000 株/亩。马铃薯播种方法要实行垄作，通常垄的高度为 30 厘米，还要采用地膜覆盖栽培方法。春播的时候，先起垄，然后开沟，沟深 3～4 厘米，播后覆土平垄，再覆盖地膜；秋播时，先在平地上开 3～4 厘米深的沟，种植的时候将种芽与沟底平行摆放，再盖上土。要依据土壤类型来决定覆土厚度，沙壤土的覆土厚度为 8～10 厘米，黏质土壤为 6～8 厘米，苗长出来后要及时培土，整平垄面，覆盖地膜。

（三）田间管理

1. 水肥管理

春播时，苗长出之前要以增温保墒为重点，还要使土壤处于湿润状态，通常不灌溉，如果土壤干旱，要适当灌溉。秋播时，苗长出之前要以防涝保墒为重点，播种后灌溉降温，使土壤处于湿润状态。出苗至团棵以保墒促长为重点，团棵到开花以保墒为重点。如土壤干旱，要及时灌溉，通常不追肥。开花后就进入结薯期，要使土壤处于湿润状态。假如底肥不够，要依据植株生长情形，用0.3%的磷酸二氢钾液喷叶面，追1~2次肥，或者在结薯前期与灌溉结合，每亩追施10~15千克复合肥。

2. 病虫害防治

马铃薯主要的虫害有马铃薯瓢虫、蚜虫和螨虫等；主要病害有疮痂病、早疫病、晚疫病、软腐病、环腐病以及病毒病等。应将生态防治、农业防治、生物防治、物理防治和化学防治结合起来，综合防治各种病虫害，切勿使用高毒、剧毒及高残留的农药。

（四）收获

在茎叶变黄、匍匐茎干缩、基部叶片枯黄脱落、块茎表皮木质化不再膨大时，就能对马铃薯进行采收。应选择凉爽、无霜冻、无露水的晴天进行采收工作。采收完成后要放在阴凉处摊晾2~3天，避免遭受暴晒、雨淋。收获前7天，不要再喷化学药剂。

第四节 马铃薯的埯田栽培

当种植区的土地较少、种植马铃薯的面积不是很大且有充足的劳力时，常常会采用埯田种植的方式，有些地方叫坑种。因为此法要挖种植埯，所挖局部土质疏松，保墒蓄水；播种较深，培土不薄；集中施肥，营养面大；有合理的空间，改变小环境，所以对马铃薯地上、地下部的生长十分有利。另外，由于用小整薯播种，故不但能抗旱保苗，其顶端优势还能使苗长势好，枝繁叶茂，每埯能长茎 3 ~ 4 个，各埯相组合，成为高产群。每埯能产 1 ~ 1.5 千克，而且大薯率高，商品性好。

（一）深翻整地，拖耢保墒

秋天要及时进行深度超过 25 厘米的深翻工作，还要保墒拖耢。

（二）把握实际，密度适宜

要依据土地的肥瘦情况和品种的成熟期、丰产性等，决定合理的种植密度，“壮地晚熟种稀种，薄地早熟种密种”是遵循的原则。在挖埯时要将临垄的埯错开，使之成为锅撑腿状，以方便透光和取土。通常行距约为60厘米，埯距为50～55厘米，每亩挖埯2000～2200个。

（三）选种促芽，健薯下地

品种定下来后，应依照种薯的规格选择薯块，每块重50～100克，还要拥有本品种的特性。然后，依照催芽方法催芽，将病块淘汰掉，保证播下的种薯都是健薯。如此，才能保证出苗率，同时使植株健康生长。

（四）挖埯施肥，精细播种

挖埯的时候要按照预定的埯距和行距，埯直径为30厘米，深度为25～28厘米。挖好之后，施入备好的化肥和农家肥，和土混合均匀。将催好芽的小种薯播入埯中，深度为10厘米，在上面盖15厘米厚的土，使其表面为小土堆状，用铁锹小心拍实。

（五）加强管理，分次培土

苗约10厘米高时，与灭草结合浅培1次土。培土厚度约为3厘米。苗高约20厘米现蕾时，开始第2次培土，厚为7～10厘米，让芽块与茎基部相距约25厘米，培土堆要宽大。在花期可喷磷酸二氢钾和预防晚疫病和虫害的农药。

第五节 马铃薯的机械化栽培

北方马铃薯一季作区常常有种植速度慢与农时季节短的冲突，尤其是在人少地多的地方，这种情况更加突出。然后就是增产显著的农艺措施，由于工具不配套因此无法落实，在很大程度上不利于马铃薯生产水平的提高。为减轻上面所说的冲突，有些地方引进了马铃薯种植机械，开始推行马铃薯机械化种植。不过这些机械机型大，只适用于大面积的农场，不适于我国农村家庭承包责任制的小面积、小动力需求。在国外大机械的启发下，围场满族蒙古族自治县农机研究所成功研制出一套使用小拖拉机牵引的单行马铃薯栽培机械，包括收获机、中耕机以及播种机，机型小巧，十分适于农民使用。马铃薯种植机械的推广对提高作业速度、降低成本和节省劳力有很积极的影响。不过一定要按技术要求做，才会实现预期目的。通过几年的试用以及一些试验，使用单行配套机械种植马铃薯，平均亩产可达 2157 千克，与用木犁相比，每亩多收 300～500 千克，节省投资 50 元。

机械化种植马铃薯的具体技术要点如下：

（一）机械准备

根据各种机械可以承受的作业量，再加上作业期间的农时季节的具体安排和维修所用时间，在作业前将动力机和作业机械调试好。在一个作业季节，1台单行马铃薯播种机能播种8～13.33公顷，即120～200亩；1台单行中耕机可培土16～26.67公顷，即240～400亩；1台单行收获机可收获8～13.33公顷马铃薯，即120～200亩。这些机械的配套动力机是1台10.3～13.3千瓦（14～18马力）的小拖拉机。

现在，马铃薯机械化栽培慢慢成为以机械化整地、机械化种植、田间管理、机械化收获技术为中心，以中、小型拖拉机和配套种植收获机械为主体的马铃薯机械化种植收获模式，主要有两种：一是垄作模式，二是平畦栽培模式。操作流程为：撒施农家肥→机械耕翻→机械化（起垄）施肥播种→中耕培土→田间管理→机械化收获→贮藏。

（二）选择优良品种

种薯要挑选块茎大、口感好、高产、抗病强的高原4号、青薯2号等优良品种，将病烂、畸形、龟裂、芽眼突出、薯皮粗糙老化、皮色暗淡、不规则的种薯除去。将种薯在种植前7～10天放在背风向阳的地方进行晒种。

（三）种薯处理

按常规方法进行切薯和催芽就行。

（四）选地与整地

挑选机械化种植马铃薯地块的时候，应选择地势平坦的平地或者缓坡，不过坡度一定要小。垄向要和坡地的等高线垂直，也就是垄向要顺坡。切忌斜坡或高低不平。垄头应长一些。

应对选择的地块进行深为 20～25 厘米的深翻。应该选用重耙耙压，还要使耙和垄向保持一定角度，以免有墒沟。

（五）施好底肥和农药

依照规定数量，将作为底肥的化肥、农家肥和要基施的农药，用人工或者撒肥机，均匀撒在地上。撒完后与耙地相结合，将农药、肥料耙进土里，或者使用有施肥器的播种机，边播种边施入农药和化肥。

（六）播种

机械化种植马铃薯丰产的基础，是使播种达到规格化、标准化。播种条件和一般种植相同。使用马铃薯播种机进行播种，能一次性完成开沟、点芽块和覆土的工作。用马铃薯播种机进行播种的时候，一定要将覆土厚度、播种深度调好，覆土厚 15 厘米、播深 10 厘米。垄（行）距 80 厘米、棵（株）距 22 厘米，或者垄（行）距 90 厘米、棵（株）距 20 厘米，每亩播种约 3700 株。不能再将垄（行）距缩小，否则，无法用拖拉机进行田间管理、收获工作。应注意，保持行距均匀，否则用拖拉机中耕培土时，苗易受伤，减少株数，从而使产量下降。机械作业时，有几点需要注意：

（1）土壤湿度　种植时的土壤湿度要保持在65%～70%。土壤太干对种薯的出苗、生长均有不利；土壤太湿易导致机具粘土、压实土壤、种薯腐烂等问题。

（2）机具调试　要依照当地的农艺要求，在播种前多次调试播种机的行距、株距和排肥量，以实现适应垄距、定量施肥和播种的目标。

（3）起垄形状　要求整齐均匀地将土覆于垄两边并有丰满且高的垄形。使土壤疏松细碎，以方便根茎延伸，提高地温。垄以上宽50厘米、下宽70厘米、高10厘米为宜。保持土壤含水量为18%～20%。

（4）播种　应直线播种，下种匀称，深浅统一，适宜种植深度为9～12厘米。种植马铃薯时必须单块或单薯点种，以防种植过程中重播或漏播。种薯在垄上侧偏移约3厘米、漏播率小于3%、重播率小于5%、株距约有3厘米的误差。

（5）分层施肥　播种的时候分层将化肥深施在种薯下方6～8厘米的地方，让根系在肥料带上生长，以便最大限度地发挥肥效。

（6）平稳行使　马铃薯种植机可一次性完成很多工序，因此播种机应开慢一些，不可地轮倒转，在地头转弯时务必升起机器，严禁金属、石块、工具等异物进入肥箱、种箱，以此提高作业质量。时刻察看输种、起垄、输肥和播种机的运行状况，一旦发现问题，要马上解决。

（7）故障排除　马铃薯种植机常会发生以下几种故障：一是链条跳齿，此时要调整链轮，使其在一条直线上，还要将异物清理掉；二是地轮空转，不驱动，此时要适当增重，调节深松犁深度；三是薯种漏播断条，此时要控制薯种直径，提升链条，不能太松；四是种碗与壳体相摩擦，此时要调整两脚的调节丝杆，将皮带置于中心；五是起垄太宽，此时要调节土犁铲的角度、间距。

（七）田间管理

机械化种植马铃薯的田间管理同一般种植一样。种植后1周，使用柴拖子或者轻木耮开展1次苗前拖耮，可让土碎地实，对提温保墒有好处。中耕培土，要进行两次灭草追肥工作，苗出齐后结合追肥进行第一次，苗高15～20厘米时进行第二次，每次上土约5厘米。中耕培土的时候，一定要将犁铧、犁铲的深度、角度以及宽窄调整好，这样才会确保培土严实且不切苗。

（八）适时收获

可选择4UM-550D型马铃薯挖掘收获机进行收获工作。当植株大多数茎叶干枯、块茎不再膨大且容易脱离植株、土壤约含水20%时，使用马铃薯收获机开始收获。挖掘前7天先要割秧，留5～10厘米的茬，使块茎在土中后熟，表皮木栓化，收获时不轻易破皮。为使收获进度能提上去，提高效率，通常应连片集中进行统一收获。挖1行、割1行、捡拾1行。不允许有重挖、漏挖的情形，挖掘深度要超过20厘米。

第七章
马铃薯的疾病防治

第一节 马铃薯病害种类及防治

一、细菌性病害

（一）青枯病

1. 症状

青枯病属于细菌性病害，植株急性萎蔫是其典型症状，茎基部维管束变为黄色、黄褐色，薯块上的芽眼变成褐色或浅褐色，严重的芽眼出脓、烂薯。现在此病还没有可防治的有效药物。

2. 防治

①挑选无病种薯进行整薯播种。一旦发现病株，立刻连土挖起病株，带出田间深埋。绝不能使薯块传染病毒，务必用酒精对切刀进行消毒。

②实行轮作制度。

（二）黑胫病

1. 症状

茎基和薯块连接的部位变黑且迅速软化烂掉、可轻易拔出是黑胫病的病症。将病株切开，能看见维管束变为褐色。重病株结出的薯块通常在收获之前已经烂在了田里。

2. 防治

①适量增加氮肥，合理浇水。

②一旦发现有病株，马上除掉，还要尽快将田里的马铃薯病残体除去，避免侵染健康植株。将0.1%的氢氧化铜或硫酸铜溶液喷在叶面上，同样可以减轻黑胫病。

（三）环腐病

马铃薯环腐病属于一种维管束病害，病菌的生长温度是1～36℃，适宜生长温度为20～23℃，地温是19～28℃。病菌可随病残体在土面上过冬，也能随种薯过冬，其主要传播途径是病薯和未消毒的切刀。病菌在田间经伤口侵入，借雨水或灌溉传播蔓延，或者通过种薯调运传播蔓延。

1. 症状

通常环腐病的症状表现是在开花期前后，症状是出现病株枝、茎变短、叶子变黄凋零、叶脉发黄并有黑褐色斑块、叶缘开始向上卷。轻病块茎外部症状不明显，纵切薯块能看见维管束从基部开始颜色有变，严重时变色部位有1圈，能将维管束周围的薄壁细胞组织破坏掉，使皮层部分全部脱离髓部，形成离核。病部成为黑褐色，生环状空洞，有时并发软腐病，导致全部腐烂。

2. 防治

①留种、切薯之前将全部病薯剔除，使用健康种薯，在切块前切忌消毒切片。可以使用53.7%可杀得2000干悬浮剂400倍溶液浸洗切块种植时所用的切片，以便消灭病菌。用新植霉素5000倍液和金云大一120、500倍液或金云大一120、500倍液和47%加瑞农粉剂500倍液浸泡切后的块茎，时间是30分钟。

②一旦发现病株，立刻将其拔除并带出田间，集中处理。要防治地下虫害，进行轮作，选择抗病品种。此外，每亩用25千克过磷酸钙，进行穴施或者按重量的5%播种，也能防治虫害。

二、真菌性病害

(一) 早疫病

1. 症状

早疫病的病症最早出现在植株下部比较老的叶子上。刚开始有小斑点，以后慢慢扩大，病斑为干燥的卵形或者圆形，因被叶脉限制，有时边缘呈角形。通常病斑为有同心的如树木年轮一样的轮纹，也像“靶板”。

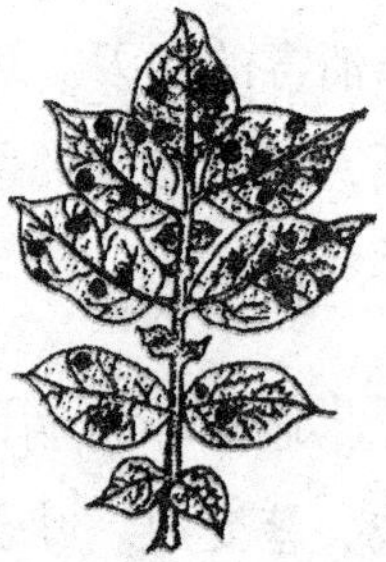

马铃薯早疫病症状

新老病斑扩展，会让全叶褪绿、脱水并坏死，不过通常叶子不会落。病重时叶子从下向上慢慢干枯，成片植株提早干枯而死，有时会发展到全田，每亩每提前枯死一天，就会少收50千克。块茎上有呈圆形或不规则形的黑褐色、凹陷、边缘明显的病斑，其四周常有紫色突起，斑下面的薯肉变为褐色。烂掉时呈水渍状，为浅黄或黄色。

2. 传播途径

早疫病为真菌病害。病原菌在被侵染的块茎上、植株残体上或其他茄科植物残体上过冬。病菌可活超过1年。第二年马铃薯出苗之后，过冬的病菌成为分生孢子，借助气流、昆虫以及风雨携带传向四周，侵染新的马铃薯植株。早疫病通常发生在块茎开始膨大时。植株生长势强，侵染状况就轻；反之，植株营养不良或衰老症状就严重。因此，早疫病常发生在瘠薄地块的马铃薯植株上。出现高温、干旱，尤其是干燥天气突降阵雨，而后又晴天曝晒时，最容易发生早疫病，并且病情会迅速发展。

3. 防治方法

以前人们觉得早疫病危害不大，因此对于治疗此病不很重视，而是将重点放在了晚疫病，结果近年发生早疫病突发现象，导致损失很大。防治早疫病除综合防治的农艺措施外，目前能用的有效杀菌剂有很多，实践操作显示有很好的防治效果。

①博邦（苯醚甲环唑）。10%水分散粒剂，是新一代三唑类内吸、传导、广谱性杀菌剂，经得住雨水冲刷，有很长的药效，安全、低残留、低毒、环保型，是防治马铃薯早疫病的特效剂，每亩用40克。

②世高（噁醚唑）。10%水分散粒剂，是内吸性杀菌剂，有14天的持效期，防治早疫病的效果极好，每亩用35~50克。

③好力克（戊唑醇）。430克/升悬浮剂，有内吸的作用，治

疗兼保护型制剂，是早疫病专用杀菌剂。每亩用15~20毫升，最多不能超过20毫升，否则会对新生茎叶产生抑制效果。

④金力士（丙环唑）。25%悬浮剂，治疗早疫病，双向内吸传导，另外还有保护作用，黏着力强、渗透力好、经得住雨水冲刷。最好在封垄后施用，不可和铜制药剂、碱性制剂以及碱性物质等混用，每亩用6~9克。另外，可杀得、易保、鸽哈、阿米西达、百菌清、喷克、科博等对早疫病也有兼治作用，可配合使用。

（二）晚疫病

马铃薯晚疫病

马铃薯晚疫病是种植中的主要病害，又叫做马铃薯瘟。病菌多以菌丝体在块茎里过冬。种植带菌种薯，苗出土后变成中心病株，病部出现孢子囊。孢子囊借助气流传播，进行再侵染，成为发病中心。病菌孢子囊还能随灌溉或雨水渗进土壤里对块茎进行侵染，形成病薯，成为下一季的主要侵染源。病菌可浸染茎、叶片和块茎。病害容易发生在多雾、多雨、平均气温10~22℃的条件下。

1. 症状

（1）叶片症状　大多叶子从叶缘或者尖端发病。首先是在顺缘或叶尖形成绿褐色水渍状的小斑点，四周有比较宽的灰绿色晕环，湿度大时病斑快速变成边缘为灰绿色的黄褐色或暗褐色大斑块，而且在天气潮湿时易出现一圈稀疏白霉。如果空气干燥，病斑会干枯、变为褐色、蜷缩或者破裂。

（2）茎部症状　叶柄和茎秆染病，常出现不规则的褐色条斑，严重时使叶片卷曲萎缩，最终全株变黑腐烂，有特殊的腐败臭味。

（3）薯块症状　薯块刚开始染病时出现浅褐色病斑，后来病斑成为不规则的褐色或紫褐色状，略凹陷，无明显边缘，病部下面的薯肉为浅褐色或暗褐色，最终块茎会腐烂。

2. 防治

①对种薯进行处理或者选择脱毒种薯。严格选用无病种薯作为种薯，用72%百思特可湿性粉剂600倍液或者80%云生可湿性粉剂600倍液浸泡，过10～15分钟晾干再播种。在还未发病时开始喷75%百菌清600～800倍液或1：120～1：150的波尔多液预防，用80%代森锌600～800倍液也可以防治。

②一旦发现病株，立刻拔除并带至田外集中处理。初发病时用64%田亮可湿性粉剂500～600倍液或者30%百菌清500倍液喷雾防治。

③选择优良地块。挑选土质松、排水好的地块播种，以防偏施氮肥和雨后田间积水。

（三）丝核菌溃疡病

丝核菌溃疡病又叫做黑痣病、茎基腐病、茎溃疡病和黑色粗皮病，属于种薯带病、土壤传播的病种。

1. 症状

由于种薯带菌或土壤中病菌侵染，种植芽块的幼芽顶部有了褐色病斑，使生长点坏死，叫做烂芽，这时就不再生长，有些从芽条下面的节上又有新芽条长出来，导致晚出苗或者不出苗，苗不齐、不全、细弱等问题出现。在出苗前和出苗后，主要感染地下茎，使地下茎上出现环剥状或者指印状褐色的溃疡面。另外导致薯苗顶部丛生或植株矮小，重症者植株顶部的叶子向上卷曲萎蔫，有时腋芽生长气生薯。中期茎基部外表出现灰白色菌丝层，很容易就能擦除，擦后下面的组织可正常生长。匍匐茎感染后有淡红褐色斑，轻症的及时可以结薯，但无法长大，重症的无法结薯，匍匐茎乱长或死掉。被侵染植株根量变少，形成稀少的根条。被侵染植株结出的薯块外表有形状无规则的、大小不等的、呈土壤颗粒状的黑褐色坚硬土疤。这些土疤为菌核休眠体，不能冲洗掉，而土疤下的组织完好，就叫黑痣病，变成翌年种薯带病的菌源。

2. 传播途径

此病的病原菌是一种真菌，其无性阶段为立枯丝核菌，世界上很多野生植物和作物都是其寄主，有广泛的分布范围。其菌核能在植株残体上、块茎上或土壤中过冬。次年春季温、湿度合适的时候，菌核萌发，侵染马铃薯的幼苗、幼芽、匍匐茎、地下茎、块茎和根，又在新薯块上形成菌核，土壤里也残留菌核，过冬后又变成翌年的菌源。因此，不轮作或少轮作的土地中丝核菌的存活量增大，如果又用受侵染种薯，菌源就变得更多。土壤湿度较大、温度较低的条件下，丝核菌很容易发病流行。资料显示，最适合其发生发展的土温为18℃。另外，因为地温低，薯芽缓慢生长，在土中时间久，被病菌侵染的几率也会加大。温度上升，病害的发展就会减轻。结薯后土壤湿度大，尤其是排水不良，新块茎上黑痣（菌核）的形成就会加重。

3. 防治

倒茬轮作、选择无病种薯和有关的农艺措施就不再详细叙述，这里主要介绍化学药剂防治方法。

（1）芽块包衣（拌种）

①苗盛（福美双+戊菌隆）。47%可湿性拌种剂，每1000千克芽块用660～720克药粉和12～15千克滑石粉，均匀混合后拌在刚切好的芽块上，应让每个芽块粘有均匀的包衣。

②适乐时（咯菌腈）。2.5%悬浮种衣剂，每1000千克芽块用1000毫升悬浮剂对3～4升水稀释，使用细喷雾头的喷雾器将药均匀地喷在芽块上，保证每个芽块都完全被药液盖住。然后可以用滑石粉加甲基硫菌灵再拌种块，降低芽块的湿度，直接播种（也可沟喷，见后）。

③扑海因（异菌脲）。为50%可湿性粉剂，每1000千克芽块使用400克药粉、12～15千克滑石粉，搅拌均匀后，拌于芽块上。

④戴挫霉（抑霉唑）。22.2%乳油，为咪唑类杀菌剂，对丝核菌效果极好。用100毫升乳油对3升水，然后稀释，使用细喷头喷雾器均匀喷在芽块上面，确保每个芽块都被药液覆盖（沟喷也可，见后面）。

⑤甲基硫菌灵（丽致）。为可湿性粉剂，细度比薯块气孔小，有内吸性，拌种不但防丝核菌溃疡，而且可促使伤口愈合，避免感染别的病菌。每1000千克芽块使用300～500克药粉、12～15千克滑石粉，拌于刚切完的芽块上。和其他杀虫剂、杀菌剂混用也可。

（2）播种沟喷施

①阿米西达（嘧菌酯）。为25%悬浮剂，不但对丝核菌溃疡有很好的防治效果，还对银屑病、粉痂病等土传病害有防治作用。每亩用40～60毫升悬浮剂，最好使用带喷药装置有双喷头的

播种机，一次性完成开沟、下种、喷药和覆土工作。通过前后两个喷头将药喷出来，不但使芽块完全被药覆盖，而且垄沟里的土也被喷了药，起到了消毒的作用。

②金纳海+鸽哈。每亩每种用80克（毫升），使用上述方法播种沟喷雾。

③戴挫霉。每亩使用30～40毫升乳油、30～40升水，将两者对好，用上述方法实行播种沟喷雾。

④适乐时。每亩施用50～60毫升悬浮液，播种沟喷雾。

⑤扑海因500克/升，为悬浮剂。每亩施用50毫升悬浮剂，播种沟喷雾。

⑥瑞苗清（6%甲霜灵+24%恶霉灵）。每亩用20～30毫升，播种沟喷雾。

⑦凯润（吡唑醚菊酯）25%乳油。每亩用40毫升，对30升水，喷入播种沟的芽块上、土壤中。

（3）苗期叶面喷施

①阿米西达。与早、晚疫病结合防治，实行早期叶面喷施，不但能防治病害，还可以刺激薯秧生长。每亩用32～48毫升悬浮剂。

②戴挫霉。能和叶面肥混合施用，实现治养结合，尽快抑制病斑的扩展，促进根系和匍匐茎再次迅速生长。每亩使用40毫升戴挫霉、100毫升磷钾动力，即磷酸二氢钾，进行叶面喷施。假如病情很重，可以连用2～3次。

（4）种薯田杀秧前5～7天叶面喷施

①金纳海+鸽哈。每种用80克（毫升），实行叶面喷施，不光能杀死丝核菌，而且对其他细菌和真菌也有效，减少种薯所带病菌，从而减少次年种植的菌源，对贮存有利。

②戴挫霉。每亩用30～40毫升戴挫霉或配成1000～2000倍液，杀秧之前喷施，能预防贮藏病害的传染，减少种薯带病。

（四）疮痂病

疮痂病发生在各个地区，是一种线菌，通常病害发生在马铃薯薯块上。薯块受害的地方会有褐色小斑点，扩大后成为圆形或不规则坚硬的褐色病斑，表面粗糙，外皮破裂。通常只发病于薯块外皮部位，在温度高时病情严重。

1. 症状

病菌可在土里腐生，也可在种薯上过冬，从皮孔和伤口侵入薯块。微碱性土壤病重。

2. 防治

①选择无病种薯，多在田地施用绿肥等有机肥。一旦发现有病株，立刻清除。要注意防治地下虫害。

②实行轮作制度，选择使用抗病品种。

（五）黄萎病

在水分严重不足的沙漠地区、南方以及寒冷地区生长季节长时间温暖、气候干燥的环境下，都可能发生严重的黄萎病。

1. 症状

此病易引起植株早期感染。主要特征是叶片变黄，从基部开始，慢慢向上发展，可能在茎一侧的叶子先萎蔫，发育变得不对称。提前枯萎、死亡，与早熟相似。将基部茎横切，可以看见维管束成为淡褐色，有些品种的茎基部表面有坏死条纹。受侵染植株结的薯块中有一部分维管束呈淡褐色，重症者在髓部出现褐斑，更重者，薯块里会有洞；可能在芽眼四周出现粉红色或棕褐色的色斑。有些时候被侵染的薯块外表会有不规则的和晚疫病类似的病斑。

2. 传播途径

真菌中大丽轮枝菌或者黑白轮枝菌侵染，就形成了黄萎病。这些真菌可以在土中或植物残体上长期存活，还会有广泛的寄主，比如茄科植物、其他木本植物或双子叶草本。因此，附着在工具和薯块上的带菌土壤、灌溉水、感病杂草和薯块都能传播病害。另外，其分生孢子也能经气流传播，还可以经根系的接触从一株传染给另一株。

轮枝菌是通过伤口、根毛、叶面和枝条进行侵染的。土中的真菌、细菌和线虫的交互作用会使此病加速发生。

3. 防治

①搞好轮作倒茬工作。和禾谷类、豆科作物或其他禾本科进行3年以上的轮作，不可和茄科作物进行轮作。

②将感病杂草消除，比如蒲公英、荠菜、问荆和藜等。

③认真防治地下的真菌、线虫、害虫以及细菌病害，降低轮枝菌侵染的可能。

④搞好芽块拌药处理工作。可用非内吸杀菌剂，如代森锌、代森锰锌等。也可用内吸杀菌剂，比如甲基硫菌灵。

三、病毒性病害

（一）马铃薯卷叶病

马铃薯病毒病中最重要的就是马铃薯卷叶病，可以发生在所有马铃薯的栽培地区，属于世界性病毒病害，易感品种的产量损失可超过90%，对马铃薯的种植效益产生很大影响。

1. 症状

在流行季节由蚜虫传播感染，产生初期症状，即植株上部叶片特别是小叶基部卷曲，这些叶片趋向直立且通常为淡黄色。对许多品种来说，发病叶子的颜色可能是粉红、红色或者紫色。若是后期感染，则可能不会有症状，高感品种的薯块中的坏死组织很明显。次生症状（受感染薯块长成的植株）的表现是基部叶卷曲、垂直生长、矮化，上部叶片发白，卷曲的叶变硬且革质化，有时叶子背面变为紫色。

该病通常经蚜虫传播，或者经种薯传播。

2. 防治

可以在繁殖种薯时将病株淘汰，留下健康植株完成定植。杀虫剂能降低病毒在植株里的蔓延，不过无法避免从其他临近田块来的带有病毒的蚜虫的感染。经过热处理可以将马铃薯卷叶病毒消除。要选用抗病品种和脱毒种薯，从根本上防治马铃薯卷叶病。

（二）马铃薯花叶病

马铃薯花叶病有可能是由多种病毒引发的，有的时候很多病毒一起作用引起花叶，有的时候单独侵染引起花叶。这些病毒有马铃薯A病毒、马铃薯M病毒、马铃薯S病毒、马铃薯X病毒和马铃薯Y病毒。

1. 症状

叶片上开始有淡绿、黄绿和浓绿相间的花斑，叶片变小，叶尖朝下弯曲、皱缩，植株变矮。重症时整株出现坏死性花斑，叶子皱缩严重，还有可能枯死，通常这种症状叫皱缩花叶病，有的时候表现为隐症，不过能成为侵染源，块茎上通常没有症状。

2. 传病途径

（1）马铃薯X病毒　各地引起花叶病的主要病毒就是X病毒，其可使小叶的叶脉间的叶肉组织产生黄绿相间的花斑。患病植株通常少收获约10%，若是对此病毒敏感的重症株，则可减产约50%。通常是接触传毒。

（2）马铃薯A病毒　此病毒也会造成花叶病，主要是在叶脉间产生不规则的浅绿和深绿相间的病斑，叶肉绿色部分深，叶面粗缩，叶脉凹陷，重症时叶缘变为波状。蚜虫、接触均能传毒。A病毒和X病毒复合侵染时可少收获60%，叶片显著皱缩。

（3）马铃薯S病毒　此病毒是潜隐花叶病型，最明显的症状是叶脉凹陷、叶面呈波状或有皱纹。对S病毒敏感品种的叶片有古铜色反应。患病植株可少收获10%～15%，而且薯块会变小。S病毒与X病毒复合侵染的时候会少收获11%～38%。通常是接触传毒。

（4）马铃薯M病毒　是卷叶嵌斑花叶病症状。患病叶片尖端的叶脉间为花叶状，叶子变形，叶缘为波状，小叶尖部位扭曲，茎顶部的小叶卷曲。常常少收获10%～20%。接触传毒。

（5）马铃薯Y病毒　是重花叶病和垂叶条斑坏死症状。患病植株的叶柄、叶脉和茎上都会出现黑褐色组织坏死的条状斑块，复叶容易掉落，发病后期只有顶部留有少量叶子，老叶随病情的发展先后脱落，可少收80%。主要是接触和蚜虫传毒。

3. 防治

对马铃薯X病毒、A病毒、S病毒、M病毒和Y病毒的防治主要是通过种薯繁育时淘汰病株和无性选择，另外，选用抗病品种和脱毒种薯也是现实可行的措施。

（三）马铃薯帚顶病

马铃薯帚顶病发生于适合真菌传播马铃薯粉痂病的阴凉、冷湿的环境中，能使有些易感品种减产25%，而且常常伴随着粉痂病的发生，薯块就没有了商品价值。

1. 症状

此病首先从土中感染块茎，在块茎上的最初症状是外表出现轮纹，有的时候是褐色或者坏死状，以圆弧形深入薯块的肉中。在帚顶病坏死环的中央出现粉痂病斑（传染源）。

茎叶症状是次生的，共有三种情形，上部叶片有苍白色“V”形纹；下部叶片上有鲜黄色条纹，有时上部叶片也会出现；茎秆矮化（帚顶）。

2. 病因

此病毒可存活于土中，而且主要经土中和薯块上的休眠孢子传播入新地区。现在还无法确定带病种薯能否传播病害。

3. 防治

用氧化锌和硫处理感病土壤能够防止传染。要及时淘汰症状明显的植株，可以有效控制传播。

四、马铃薯生理病害

（一）绿化块茎

1. 症状

薯块表面完全或部分变绿，有些薯块内部也会变成黄色或者绿色。

2. 病因

主要是因为薯块受到了散射光、日光或者是人工光线的照射，长期的光照，使得薯块的外皮或者薯肉产生了龙葵素、叶绿素等物质。

3. 防治

在生育期应及时培土，采收和运输的时候应避免散射光长久照射薯块，防止日光直射薯块，应在黑暗的地方贮存，避免散射光和灯光照射。

（二）二次生长

1. 症状

薯块经过二次生长后有很多种形状。经常见到薯块会不规则伸长；芽根部突出、肥大，成为肿瘤状薯块，薯块顶部萌发匍匐茎，还有可能穿出地面长成新枝；薯块芽伸出匍匐茎，在顶部形成了子薯；薯块皮层出现龟裂等现象。

2. 病因

干旱、高温是主要原因。土壤干旱、高温影响十分显著，在马铃薯块茎的增长期，因为干旱、高温，薯块不再生长，严重的使薯块进入暂时休眠状态。就算干旱后下雨或者浇水，使马铃薯得到了适合生长的环境，但是因为薯块的周皮全部或局部加厚（木栓化），薯块也无法继续正常地生长，这样就产生了畸形薯块。当干旱、高温、湿润和低温不断发生交替时，马铃薯二次生长的情况就更多了。

3. 防治

注意多施有机肥，加强土壤的保肥水能力，适量增加中耕培土，栽培密度合适，株行距均匀。

（三）龟裂

1. 症状

在薯块增长的时间里，薯块顺长轴出现比较深的纵向裂沟，复合周皮组织将薯块外表覆盖住。

2. 病因

主要是干旱后降雨或浇水，之后薯块快速生长造成的，过量施肥也是产生龟裂的一个原因，感染类病毒的严重病株的薯块也会出现龟裂。

3. 防治

防止施肥过多，避免在生育期出现干旱现象，选择无类病毒种薯和抗龟裂品种。

（四）纤细芽

1. 症状

有的块茎在萌发时，块茎上各芽眼萌发的幼芽均十分细弱，叫做毛芽。这种块茎通常不表现顶端优势。

2. 病因

主要由于块茎的生活力有所降低。有的时候感染卷叶病毒的薯块也有毛芽症状。

3. 防治

多选择抗病品种及不带病毒的种薯。

（五）块茎空心

1. 症状

块茎空心出现在块茎中央部位，块茎外表什么症状都没有，地上部也不表现症状。通常大型块茎易出现空心的情况，空心洞周边成为木栓组织，两三个孔洞连接起来或呈星形放射状。

2. 病因

形成空心的基本原因就是块茎急剧膨大增长。生育期雨多、肥多或株间过大，块茎急速增大，吸收很多水分，淀粉又转化为糖，使得块茎增大了体积，但是干物质不多，所以就产生了空心。田间缺株的相邻株易发生空心现象，此外，缺钾时也易发生。

3. 防治

预防发生块茎空心的方法有：使田间株行距保持均匀一致、不使薯块太大、不施肥过量和及时培土等。

（六）褐色心腐病

1. 症状

这种病薯的外表面基本上什么症状都没有，不过切开薯块可看见在薯内分布着形状不规则、大小不等的褐色斑点。褐色部位的细胞已经死亡，变成了木栓化组织，基本上一点淀粉都没有了，很难煮烂，已经没有了食用价值。

2. 病因

较大块茎通常容易发病，主要是因为块茎在迅速膨大的增长期，土壤中水分不够，尤其是那个时期土壤水分快速减少而形成的土壤干旱，就更容易产生这种病害。

3. 防治

对褐心病的主要防治方法是，多施用有机肥，使土壤的保水力得到提升，尤其应注意在块茎增长期及时供应足量水分，以防土壤干旱。另外，还要注意选择抗病品种，将有轻微病症的薯块当做种薯通常没有影响。

（七）黑色心腐病

1. 症状

该病主要发生在薯块的中心部位。将块茎切开后，可见中心部位为褐色或者黑色，变色部位有清晰的轮廓，形状不规则，有些变黑的部分分散在薯肉中，有些变黑的部分中空，变黑部位失去水分后变得很硬，为革质状，在室温条件下存放，还能变软。有的时候将块茎切开，不会发现病症，但在空气中，中心部迅速变为褐色，然后变为黑色。块茎的外表常没有症状。不过要是病症严重，黑色部分就会扩展到芽眼部，使部分外皮变褐、凹陷，容易在被外界病菌感染后烂掉。

2. 病因

黑心病是马铃薯贮藏期间的生理病害，主要发病原因是通气不良及高温。贮藏的块茎，如果处于缺氧环境中发生黑心病的时间为：27～30℃时，6～12 天；36℃时，3 天；40～42℃时，只需要 1～2 天。就算在低温的环境中，假如长期通气不良，也会发生此病。此病多发生于呼吸旺盛的早春、刚收获时、运输薯块的过程中以及块茎堆积太厚等情形，块茎内部本身就易缺氧，在高温环境中，由于呼吸加强，耗氧增多，因此进一步造成了缺氧状态。

3. 防治

对黑心病的主要防治办法是，在贮存和运输的过程中，防止出现通气不良和高温现象；避免长时间日晒；防止块茎堆积太高，注意维持低温状态；在大田生产过程中，田间温度也要合适，避免出现高温情况。感染此病的薯块当做种薯种植后，通常会腐烂，而不会出苗。

（八）干腐病

各地都会发生干腐病，病害通常发生在马铃薯块茎上。病菌在土中过冬，从伤口、芽眼处侵入。此病易发生在高温潮湿的条件下。

1. 症状

薯块受感染的地方会变色、凹陷，内部还会出现空心现象，空腔里充满菌丝，薯肉慢慢变为灰褐色或深褐色，然后干缩，薯皮就会有同心圈状褶纹。

2. 防治

①收获时防止块茎受伤，收获后在外面晾1~2天，等表面干燥之后再贮存。

②贮藏时确保有良好的通风条件，使室内维持干燥的状态。

（九）水薯

1. 症状

水薯指的是切开病薯之后，可见其里面已变色，薯肉稍微透明，不久就变成紫色或者淡褐色。

2. 病因

水薯产生的主要原因，是施用太多氮肥，使茎叶徒长后倒伏，对光合作用的进行产生不利影响，减少了同化产物的积累；另外，过多的氮肥加速了细胞分裂，加快了块茎的膨大速度，所以影响了淀粉的积累，因而形成了含水量高、含淀粉量低的水薯。用水薯作种薯，播种后特别容易烂掉，就算可以发芽，也会因为缺少营养、发芽力不强而无法长成壮苗。

3. 防治

防止产生水薯的方法是，注意合理施肥，将氮、磷、钾肥配合好，还要选择不易结水薯的品种。

（十）块茎内部黑斑

1. 症状

通常此种病薯外表无不正常现象。不过将皮剥除后可以看见里面有黑斑。一个薯块上黑斑的部位有 2～5 个，有椭圆形、圆形和不规则形等。黑斑的直径从数毫米至 20 毫米不等，将块茎切开后，可以看见黑斑顺着维管束延伸或者穿过维管束延伸至薯块内部。

2. 病因

块茎内部产生黑斑的主要原因是，从收获到市场销售、贮藏、加工等一系列过程，使薯块受到了磕碰，损伤了皮下组织，24 小时之后损伤的地方变成黑褐色。温度对黑色的深浅有很大影响，通常在低于 10℃ 的条件下容易发生。受磕碰损伤部位的细胞因为引起了氧化而产生了黑色素，从而使组织局部变黑。

3. 防治

对黑斑的防治方法是，等薯块彻底成熟之后再进行采收，采收时应挑选温度比较高的晴天，地温最好要超过10℃。在操作和运输过程中，要防止各种碰撞冲击，减少损伤。

第二节 马铃薯虫害种类及防治

蚜虫、菜蛾、马铃薯瓢虫以及马铃薯块茎蛾是马铃薯的主要虫害。要依据具体的虫害采用相应的防治措施。

一、块茎蛾

块茎蛾主要分布在广西、广东、云南、四川、贵州、江西、湖北、湖南、甘肃、安徽、陕西和台湾等省份。烟草、茄子和马铃薯均是其主要为害作物。通常出现在马铃薯的薯块上，贮存期及大田种植均有可能遇害。

1. 外貌特征

块茎蛾的卵呈椭圆形，为黄白色至黑褐色，还带有紫蓝色的光泽。幼虫体色为青绿色、淡黄色或者灰白色，老熟时其背面变为棕色或者粉红色，体长12~15毫米。成虫长5~6毫米，翅展后大概有15毫米。前翅狭长，为灰褐色或黄褐色，后缘的黑褐色斑纹很明显。有翅尖突出的烟灰色后翅。前后翅的后缘、外缘都有长毛。蛹为呈6~7毫米的棕色圆锥形，藏在沾有泥土的灰白色丝茧里。

2. 活动特征

由于各地区的高度、气候和寄主有所不同，因此块茎蛾一年发生的代数也不确定，西南等省一年约能产生 8 代。主要是幼虫在薯块和田间残留母薯过冬。卵多产在薯块的裂缝、芽眼及凹陷的地方，或者产在茎基部、叶脉有泥土的地方。初孵幼虫进入叶片产生线形隧道，它们吃得叶片只剩下表皮。幼虫在芽眼处吐丝结网，蛀入薯块，并随薯块一起进入仓库。其成虫夜出昼伏，飞翔能力不佳，有趋光性。薯块茎蛾有很差的耐寒性，如果遇到严寒的冬天，通常翌年的发生量会减少很多。

3. 防治

①选择无虫种薯，防止和烟草等茄科作物长期连作；进行中耕培土，防止块茎外露。

②掌握各代虫蛾的盛孵期，再开始大田喷药，使用药剂和防治棉铃虫的一样。

二、蝼蛄

1. 外貌特征

又称土狗子、拉拉蛄。

蝼蛄的成虫（翅已长全的）和若虫（翅未长全的）对马铃薯都有危害性。它能用前足（前面的大爪子）和口器将马铃薯的根和地下茎撕成丝状，从而使地上部萎蔫或死亡，有时也会咬食芽

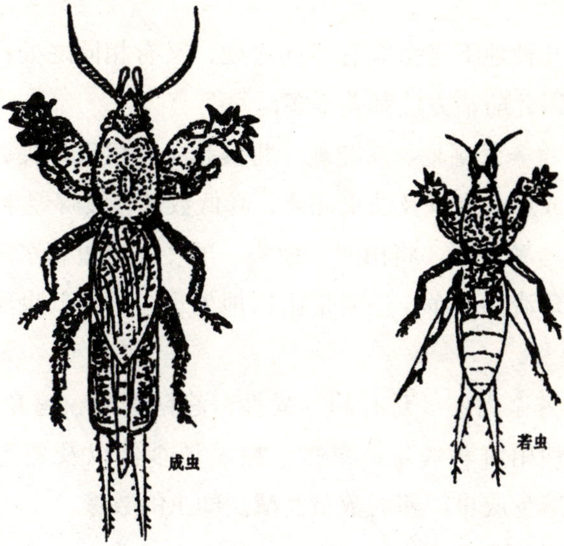

蝼蛄

块，使芽无法生长，导致缺苗。它在土中挖掘隧道，将幼苗和土壤分开，过于透风而导致失水，对苗的生长不利，甚至使其死亡。蝼蛄在秋天会咬食薯块，使其形成孔洞或使其易感染腐烂菌，产生腐烂现象。

2. 活动特征

蝼蛄的若虫、成虫均在地下依土温的改变而上下活动。过冬时，它会下潜 1.2～1.6 米挖洞并在里面休眠。春季地温升高，它又到 10 厘米深的耕作层为害。白天在地下，晚上到地面进行活动。夏天高温时到深约 20 厘米的地下活动，秋季又在耕作层活动。通常蝼蛄在盐碱较轻、含有较多有机质的地里活动猖獗。

3. 防治

以上几种地下害虫既有不同之处，又有相同之处：其都活动于地下，因此防治方法都差不多。

（1）秋季深翻地、深耙地　将其越冬环境破坏掉，使大量准备越冬的成虫、蛹以及幼虫冻死，降低数量，缓解翌年的危害。

（2）清洁田园　将田间、地头、田埂、地边和水沟边等处的杂物、杂草清除干净，还要带出田地处理，以降低虫卵和幼虫的数量。

（3）诱杀成虫　对有趋马粪性、趋糖蜜性和趋光性的成虫，可以分别使用鲜马粪堆、草把、糖蜜诱杀器以及黑光灯进行诱杀，就能减少成虫产卵的数量、减少幼虫的数量。

（4）药剂防治

①使用颗粒剂和毒土。种植时每亩用 3 ~ 4 千克 1% 敌百虫（美曲膦酯）粉剂加上 10 千克细土，掺均匀，或者使用 1.5 ~ 2 千克的 3% 呋喃丹颗粒剂和大风雷等，沿垄撒在沟里，毒杀在苗期为害的地下害虫。也可以在中耕时将上述农药撒在苗根部，毒杀害虫。

②灌根。使用 50% 的甲胺磷 1500 ~ 2000 倍液、40% 的辛硫磷，在苗期进行灌根，每株苗用 50 ~ 100 毫升。

③使用毒饵。小面积防治仍能用上述农药，掺在炒熟的玉米、麦麸或糠中，做成毒饵，晚上撒在田间。

三、菜蛾

菜蛾对全国各个省的马铃薯均会造成危害，相对而言在南方各省的危害更重，部分地区常带来毁灭性的灾害。不光为害马铃薯，还为害十字花科蔬菜、姜、葱和番茄等。

1. 外貌特征

菜蛾的卵外表光滑，为淡黄色的椭圆形。幼虫长约 11 毫米，成浅绿色纺锤形。尾足朝后伸，超过了腹末，前胸背板上有淡褐色小点。成虫长 6 ~ 7 毫米，翅展后约为 13 毫米。翅尖且狭长，后缘有灰黄或者淡黄的色带。雄蛾前翅为灰黑或灰白色，后翅是银灰色；雌蛾前翅为浅灰褐色，前翅和后翅均有较长的外缘毛。蛹长约 6 毫米，体色从淡黄褐色变成灰褐色，外有网状、稀薄的灰白色茧。

2. 活动特征

在华北地区，菜蛾每年发生 5 ~ 6 代，在长江流域约 12 代，在广西有 17 代。在北方，蛹在朝阳的杂草或者枯草间越冬；在南方主要是成虫隐藏在杂草和残叶上越冬，在广东及广西南部全年均能发生。幼虫不但啃食菜叶，而且也啃食嫩茎，还钻食幼荚，咬食籽荚。成虫有趋光性，夜出昼伏，3 ~ 5 粒卵连在一起产卵或者散产卵。一头雌蛾通常产卵约 200 粒。最适合菜蛾发育的温度是 20 ~ 30℃，所以在春秋两季为害严重。

3. 防治

①收获秋菜之后，尽快将残留在田地的老叶清理掉，也可以冬耕，将越冬虫源消灭。减少春季害虫数量。

②掌握好幼虫期，防治药物有青虫菌、敌百虫（美曲膦酯）、杀灭菊酯以及敌敌畏等。

四、蚜虫

蚜虫又被称为腻虫。

可直接为害马铃薯的蚜虫有许多种。

1. 危害和习性

蚜虫为害马铃薯情况有两种。一是直接危害。蚜虫群居在叶片背面和幼嫩的顶部并取食，它们将叶子刺伤后将汁液吸出，而且还将一种黏性物质排在上面，将气孔堵住，叶片就会变形、皱缩，妨碍幼嫩部分的生长，直接对产量产生不利影响。二是其在取食时，将病毒传给正常的植株（主要由桃蚜造成），不但会引发病毒病，产生退化，还能让病毒扩散，导致更多植株退化。此危害比前一种危害造成更严重的损失。

蚜虫分为有翅蚜和无翅芽，均有迁飞的习惯。其中有翅蚜能随风飞特别远。其会有选择降落，它喜欢落在绿色、黄色的物体上，尤其是黄色能吸引它降落。风速大或多风可以阻止其起飞及降落。它忌避乳白色和银灰色。

2. 防治

农民栽培商品薯，认为蚜虫不会有太大危害，因此对防治蚜虫通常不很在意。但是生产种薯务必要做好防治蚜虫的工作，否则生产出的种薯都会带上病毒，就会使翌年种植的商品薯产生田间退化而导致减产。

（1）选好种薯田地点　以蚜虫的习性为依据，挑选风大风多的地方或海拔高的冷凉地区，蚜虫不容易降落，就能减少传毒的可能。

（2）种薯田要远离有病毒马铃薯田　为了防止蚜虫短距离迁飞传毒，在与病毒马铃薯田相距100～300米远的地方建立种薯生产田。

（3）避开蚜虫迁飞高峰期　了解并掌握蚜虫的迁飞规律，与蚜虫迁飞高峰期避开，例如选择错后播种或早播种等方式，就能减少蚜虫的传毒情况。

（4）药剂防治　有两种药剂防治方法。一种是穴施有内吸效果的杀虫颗粒剂。比如每亩施用1.3～4千克有效成分为3%的甲拌磷颗粒剂，每亩施用200克有效成分为70%的灭蚜松。在种植的时候将这两种药撒在种薯四周。另一种是在生长期用药剂喷雾杀蚜。可选择有效成分为25%的敌杀死、5%的来福灵、2.5%功夫乳油和2.5%的速灭杀丁等药剂，每亩使用10～15毫升药加50升水，实行田间喷雾。依据具体苗情，过10天再喷一次药。

五、瓜绢螟

瓜绢螟属于鳞翅目螟蛾科，又叫做瓜野螟、瓜螟。马铃薯、茄子、瓜类和番茄等蔬菜是其主要为害对象。初龄幼虫吃叶子背部的叶肉，3 龄后的幼虫缀合嫩梢或者吐丝卷叶，还藏在其中进食，使叶片缺损或穿孔，严重时只有叶脉被留下来。

1. 外貌特征

此虫的卵，外表有网纹状，呈淡黄色椭圆形扁平状。成熟幼虫长约 25 毫米，前胸和头为淡褐色，胸腹部为草绿色，气门呈黑色，各体节均为有短毛的瘤状。成虫长 11 毫米，头和胸部为黑色，为半透明状翅，前后翅外缘均有浅黑褐色的色带，展翅后长 25 毫米，腹部呈白色，不过腹部第 1、第 7、第 8 节是黑色，有黄褐色毛丛在腹部末端，足为白色。蛹体为深褐色，长约 14 毫米，翅端外有薄茧，翅端能到第 6 腹节。

2. 活动特征

在长江以南地区，瓜绢螟每年能发生 4 ~ 6 代，主要以蛹及老熟的幼虫在土表或者是寄主的枯卷叶中过冬。翌年 4 月底羽化，成虫白天潜伏，夜晚活动，有很强的趋光性，主要将卵产在叶片背面，每头雌蛾平均约产 300 粒卵。幼虫在 5 月开始为害，共有 5 龄幼虫，初孵幼虫最初吃叶子背面，受惊吓后就会吐丝下垂，转到别处为害，3 龄后吐丝卷叶取食，至幼虫老熟时就将白色薄茧在卷叶里做成蛹。有 9 ~ 15 天的幼虫期。

3. 防治

（1）及时摘除幼虫　一旦发现幼虫为害，马上将卷叶摘除，带到田外集中消灭，以降低田间的幼虫数量。

（2）药剂防治　在幼虫进入3龄之前将其消灭。可以在幼虫盛发的时候，喷20%速灭杀丁乳油2000~3000倍液，或20%氰戊菊酯3000倍液，或20%氯马乳油3000倍液，或25%菊乐合剂乳油3000~4000倍液，或21%灭杀毙乳油6000~8000倍液，或50%马拉硫磷乳油1000倍液，亦或40%乐果乳剂800~1000倍液。

六、草地螟

草地螟属于鳞翅目螟蛾科，又被叫做黄绿条螟、网锥额蚜螟和甜菜网螟。吉林、黑龙江、内蒙古、青海、甘肃、宁夏、河北、山西、陕西、江苏等省是其主要分布地。此虫不但为害马铃薯，而且还对甜菜、亚麻、向日葵、高粱、大豆、扁豆、豌豆、玉米、甘蓝和瓜类等均有危害。草地螟是一种间歇性暴发成灾的害虫，1996年在局部地区严重发生后，1997年又暴发成灾。

初孵幼虫的危害方式为吃叶肉，仅将表皮留下，成熟幼虫的危害方式则为吃叶片，造成叶片缺损或只有叶脉，导致叶片变成网状。

1. 外貌特征

草地螟的卵有光泽，呈乳白色椭圆形，2~12粒能排成卵块。老熟幼虫长约20毫米，头呈黑色且有白斑，胸部和腹部为有显著纵行的黄绿色或暗绿色条纹，周身有毛瘤。成虫长9~12毫米，翅与身体都呈灰褐色，翅展为24~26毫米，前翅有暗褐色斑，翅中间有一比较大的长方形黄白斑，外缘是淡黄色条纹，后翅呈灰色，外缘有两条平行的黑色波纹，靠近翅的基部色较淡。蛹为淡黄色，14毫米长。

2. 活动特征

我国北方是此虫主要分布的地区，每年可发生2~4代，主要以成熟幼虫将丝吐在土中结茧过冬。翌年春5月化蛹、羽化。初孵幼虫大多在枝梢上结网躲藏，吃叶肉，3龄后食量迅速增加，共有5龄幼虫。成虫爱吃花蜜，飞翔能力很差，将卵散产在叶背主脉的两侧，多在离地面2~8厘米的茎叶上面活动。

3. 防治

①掌握草地螟的活动特征，并做好相应的预防工作，认真调查幼虫越冬前的情况。

②尽快将田中杂草消除，这样就能减少虫源，冬耕、秋耕还能将有些在土中过冬的老熟幼虫杀死。

③可在幼虫为害期喷50%辛硫磷乳油1500倍液或2.5%保得乳油2000倍液，效果很好。

七、红叶螨

红叶螨又被称为红蜘蛛，可发生于全国各个地区。马铃薯、番茄、茄子、辣椒、瓜类及豆类是其主要危害植物。不光在田间蔓延，还会对冬季温室（包括塑料棚）产生危害。幼螨、若螨及成螨都使用刺吸式口器吸取作物叶背的汁液，之后会有红斑、黄白斑点留在叶上，情况严重的会使叶子全部变黄、焦枯。

1. 外貌特征

红叶螨的卵为光滑的圆球形。幼螨几乎为圆形，有 3 对足。若螨体侧有明显的块状色素，有 4 对足。成螨长 0.4 ~ 0.5 毫米，身体为红色梨形，在体背两侧各有一块黑长斑。

2. 活动特征

在南方，红叶螨每年发生超过 20 代；在东北，则为 12 代。地区不同，越冬虫也有所不同，比如在华北以成螨群集在土缝、树皮和杂草根部越冬；在湖北地区的越冬虫中，约有 50% 为成螨，多数在秋后寄生在周围的树皮下面或土缝中过冬。翌年开始活动时间为早春 2 ~ 3 月，4 月中下旬到 5 月初陆续转移到作物上为害。

3. 防治

①早期用 20% 三氯杀螨醇乳油 1000 ~ 2000 倍溶液或者三氯杀螨砜可湿性粉剂 600 ~ 800 倍。

②及时将田中残株落叶和杂草清理掉，还要耕翻土地，将越冬虫冻死在土表。

八、地老虎

1. 活动特征

地老虎发生严重的地区主要是沿河、湖及低洼内涝的地方。主要危害的是幼苗，其会将幼苗地面的茎基部咬断，导致植株死亡。

2. 防治

①秋翻深耕，将其越冬场所破坏掉，杀死大量幼虫和卵，降低越冬虫密度；或者在中耕时灭虫，清除地边和田埂边的杂草。

②糖蜜诱杀器或者黑光灯对幼虫进行诱杀，或者在500克80%的敌百虫（美曲膦酯）可湿性粉剂中加500克水，待溶化后与20千克炒熟的棉籽饼或菜籽饼搅拌均匀，在傍晚撒于幼苗根部附近的地上。

③药剂防治。每亩在500克50%敌敌畏中加2.5千克水，喷在100千克干沙上，边喷边拌成毒沙，在傍晚撒于苗眼四周，也可以每亩用1.5~2千克敌百虫（美曲膦酯）粉和10千克细土搅拌均匀，撒于苗眼中。

九、白条芫菁

白条芫菁在国内有较为普遍的分布。马铃薯、番茄、茄子、大豆、辣椒、蕹菜、甜菜、苋菜等是其主要危害作物。

1. 外貌特征

白条芫菁产有长椭圆形的卵，其卵块呈菊花状排列。不同龄幼虫的形态各不相同。1龄是三爪蚴，深褐色，属于虫丙型；2~4龄均为蛴螬型；5龄变成伪蛹；6龄是蛴螬型。成虫是黑褐色，长15~18毫米，头为红褐色三角形，两个鞘翅及前胸上分别有一条纵向黄白色条纹。蛹长约15毫米，黄白色，前胸背板侧缘及后缘分别长有9根较长的刺。

2. 活动特征

在湖北，此虫一年发生 2 代；在河北、河南和山东一年均发生 1 代，都是以 5 龄幼虫化蛹于土壤中过冬，翌年春化蛹羽化。成虫的活动取食大多在白天，中午时最盛，有很强的群居性，集体迁飞，可以迅速吃光成片的叶子；受到惊吓时会坠下或者快速逃掉，同时分泌出一种含有芫菁素的黄色液体，可使人皮肤红肿、起疱。成虫在土穴里产卵。

3. 防治

①人工进行捕杀。针对成虫喜好群体为害的特点，使用网进行捕杀，不过应切记不要使皮肤接触虫子。

②冬季对土地进行深翻，使过冬的伪蛹露出土表被冻死或被天敌吃掉，降低翌年虫源的密度。

③每亩地使用 1.5 ~ 2.5 千克的 2.5% 的敌百虫（美曲膦酯）粉剂，喷施，或者在 75 克 90% 的敌百虫（美曲膦酯）中加 60 ~ 75 升水进行喷雾。

十、马铃薯瓢虫

马铃薯瓢虫，又名花大姐、二十八星瓢虫等。

不光危害马铃薯，还危害别的豆科、茄科植物，比如菜豆、番茄和茄子等。

1. 危害与习性

此虫的幼虫和成虫都能危害马铃薯，它们成群地吃叶片背部的肉，只将网状叶脉留下，导致叶子、植株变为黄褐色、干枯。发生此虫害时，会使全田薯苗干枯，远看田里为红褐色。轻者约少收10%，重者会少收超过30%。通常情况下，山区、半山区，尤其是有石质山的地方病害严重，这是由于马铃薯瓢虫多以成虫群聚在向阳背风的石缝中过冬。如果冬季暖和，越过冬的成虫变多，翌年的虫害就会尤其严重。假如冬季干燥严寒，成功过冬的成虫就变少；假如成虫产卵后气候干燥炎热，孵化成活率也会很低。通常夏秋之交，瓢虫危害严重。这个时候同时出现卵、幼虫（刺狗子）及成虫，世代相交，想要防治特别困难。

2. 防治

（1）重点防治区域　为暖冬、有较多石质山的深山及半山区，在荒山坡附近的马铃薯田为重点防治区域。

（2）防治指标　对100棵马铃薯植株进行调查，如果有100粒卵或有30头成虫，就务必用药进行防治。

（3）防治时期　开始防治的时间为越冬成虫出现盛期和初产卵期，还应连续防治。

（4）具体使用药剂和用量　使用的农药应既能消灭卵，又能消灭幼虫和成虫。可选药物有有效成分为20%的氰胺磷乳油、40%的辛硫磷及50%的甲胺磷等有机磷制剂，一亩地用量为75～100毫升，对50升水；或者用2.5%功夫、2.5%敌杀死及5%来福灵等菊酯或拟菊酯类药，一亩地用50毫升药，对50升水，在田间喷雾。假如使用会超过两次，为了避免害虫产生抗性，最好轮流使用有机磷和菊酯类药。

（5）消灭越冬成虫　掌握成虫过冬的地点，用火烧或用药就地消灭。

十一、马铃薯甲虫

马铃薯甲虫是在世界上都很著名的毁灭性检疫害虫，是鞘翅目叶甲科。美国为其本土，之后传入法国、荷兰、瑞士、葡萄牙、意大利、美洲及东欧等国。不但为害马铃薯，辣椒、茄子、烟草、番茄等均是其为害对象。通常成虫和幼虫会吃光马铃薯的嫩尖及叶片，其中灾情最严重的阶段为马铃薯开花初期到薯块形成期，严重影响产量，甚至导致颗粒无收。此虫有很强的适应性。

1. 外貌特征

此虫的卵为椭圆形，黄色，约长2毫米，数目多时能排成块。暗红色幼虫头的两侧有1个3节的短触角（触角梢可伸缩）、6个瘤状小眼，有高隆膨胀的腹部。雌成虫长9~11毫米，有隆起的背，身体为椭圆形；雄虫为黄色至橙黄色，比雌虫小，背略平，黑色眼部形似人的肾。头、前胸、腹部有黑斑点，头部有3个斑点，每节腹部有4个斑点，鞘翅上各有5个黑色条纹。有11节细长的触角，长达前胸后角，第1节又长又粗，第2节比第3节短，1~6节呈黄色，剩下的呈黑色。前胸背板有10余个斑点，中间的2个大，两侧均有4~5个大小不一的斑点。

2. 活动特征

在欧洲，每年1~3代；在美国，每年2代，以成虫在约10厘米土壤深处过冬，在翌年春土温有15℃时出土活动，25~33℃的条件适宜其发育。飞翔于马铃薯田交尾，在叶片背部产有20~

60 粒卵的卵块，有 2 个月的产卵期，一头雌虫产 400 粒卵，约 6 天。刚孵的幼虫吃叶片，约有 20 天的幼虫期，4 龄幼虫食量有 77%，老熟后入土化蛹，有 7 ~ 10 天的蛹期，羽化后接着出来为害，多雨年份病害轻。

3. 防治

①尽可能降低人为传播的可能，一旦发现害虫，立刻消灭。

②和非寄主作物轮作，栽培早熟品种，降低甲虫密度。

③可以在刚出现病害时施用杀虫畏、甲萘威及洒磷胺等药物，或者喷苏云金杆菌制剂 600 倍液，注意轮流使用。

④机械和物理防治双管齐下。使用丙烷火焰器及真空吸虫器等防治，丙烷火焰器防治成虫过冬有超过 80% 的作用。

第三节 马铃薯草害种类及防治

生长于马铃薯田块中并危害马铃薯生长的非马铃薯植物就是马铃薯田间杂草。这些杂草传播途径多，有很强的适应性，结籽多，种子寿命长且种子成熟时间不定，有多种繁殖方式，并且没有确定的出苗时间。并在田中和马铃薯争水、肥、空间和光照，还有着可传播病虫害的中间寄主身份，因此会降低马铃薯的品质及产量，并且影响收获，使马铃薯受到产生损失。因此将它们叫做草害。

因为经过了长久的自然选择，杂草的适应能力很强，其有发达的根，可吸收很多水分养分，使土壤肥力被消耗，降低了土壤对作物水分养分的供应量。另外，杂草还将作物的生长空间占掉，使作物的光能利用率和光合作用受到影响，减慢作物的生长。杂草还使田间郁蔽，为害虫产卵、繁殖供应产卵场所、丰富的食料；为病害的蔓延提供了合适的条件，使病虫基数增多，导致危害变重。另外，田间长有杂草会加重大田用工，加大农业生产成本，产生很大的损失。在马铃薯生产中，每年由杂草引起减产的比例为5%～15%，如果形势严峻，会少收超过50%。对此，务必要掌握杂草的生育规律、其他特性及化学除草的方法，使草害程度降至最低，给马铃薯稳产、高产、优质、低耗创造良好环境。

由于有不一样的种植制度，我国各产区马铃薯的播种期也各不相同，出现杂草的规律也不一样。比如长江下游春马铃薯，12月中旬种植地膜马铃薯，播后约10天开始长草，播后约20天（次年1月上旬）为长草高峰期，长草量约为总杂草量的40%，又有一些杂草在1月中下旬长出，到2月下旬仍会长少量杂草。3月上旬种植露地马铃薯，只要有好的墒情，杂草在种后5天就会长出，通常3月下旬是出草高峰期，这时期出草量约为总量的60%，这批杂草是草害的主体，和马铃薯有激烈的竞争。因此，要根据具体的发生状况，制定相应的防除措施。

如果是小面积栽培，使用人工拔除或用耙、耮、翻、耥等农艺措施就能将杂草清除。不过目前马铃薯种植的面积一直在扩大，尤其是大型农场现代化种植，要求对防除马铃薯田杂草有更高标准，因此化学药剂在马铃薯的生产中显得越来越重要。因为化学方法除草有很多优点，如彻底、高效、省时、省工、方便大面积机械化操作，所以此方法已变成马铃薯现代化栽培的一个主要内容。

一、杂草分类

马铃薯田有超过100种类型的杂草，主要有苋菜、马唐、藜、苍耳、马齿苋、狗尾草、早熟禾、刺儿菜、香附子、茅草以及鬼针草等。薯田杂草结实力高，与普通农作物相较，绝大部分杂草的结实力要高几十倍或更多，其千粒重比作物种子小，通常不超过1克，传播很方便，比如一株苋菜能有种子50万粒。

杂草有很多种传播方式。其中效果最好的是风，比如菊科等果实上有冠毛，风传十分有利；鬼针草、苍耳等的果实上有钩刺，能跟随别的物体传播；还有些杂草的种子能借助农具和交通工具进行传播，也能混在饲料中、作物种子里或肥料中传播。杂草种子成熟度不一，不过有很高的发芽率和很长的寿命。藜和荠菜等没有彻底成熟的种子发芽极其容易，马唐开花4～10天就可长成发芽用的种子。藜属、莎草、旋花属等杂草的种子能存活超过20年。成熟度不同，休眠时间也不一样，因此有很长的出草期。杂草有很强的再生力及无性繁殖力，比如在10厘米土层中有80%的成活率；在拔除马齿苋后将其曝晒数日，还能生根成活；拔除茅草和香附子几天后就有新芽出土。薯田杂草大多是旱地杂草。其寿命、繁殖特点及营养性能分成以下两大类：

1. 一年生杂草

发芽和出苗大多在春天，每年繁殖1代或几代，当年开花结实，在秋冬死去；还有些杂草的发芽、出苗在秋天，当年形成叶簇，翌年夏季开花结实，比如荠菜。

2. 多年生杂草

结实之后死亡的只有地上部位，翌年春天在地下块茎、块根、鳞茎或地下根状茎上再次发芽，比如香附子、茅根、野蒜、蒲公英和東菜等，均利用无性繁殖器官多年生长，有些种子还可以生产发育。另外，杂草也能分成双子叶杂草和单子叶杂草。

二、常见除草剂

（一）播后苗前封闭杀灭

（1）乙草胺（禾耐斯）　对结小粒种子的阔叶草和一年生禾本科杂草均有效果，属于酰胺类除草药。用量：每亩用 90～120 毫升 90% 乙草胺乳油或者 150～200 毫升 50% 乙草胺乳油。

（2）异丙甲草胺（金都尔）　对部分莎草、阔叶草和一年生禾本科杂草均有效，属酰胺类除草药。用量：每亩用 40～80 毫升 96% 异丙甲草胺乳油，有 40～60 天的有效期。在土壤湿度大时施用有明显的效果。

（3）氟乐灵（氟特力）　是防除薯田杂草最早使用的药物，属二硝苯胺类除草药。可以防除结小粒种子的阔叶草及一年生禾本科杂草。用量：每亩用 100～130 毫升 48% 氟乐灵乳油。易光解降效、易挥发，喷施后要和土混合，以维持药效。会影响下茬谷子和高粱的生长。

（4）二甲戊乐灵（除草通、杀草通、施田补）　是对阔叶杂草及多种一年生禾本科杂草均有效果的广谱土壤封闭除草剂，属于二硝基苯胺类药物。用量：33%二甲戊乐灵乳油300～400毫升/亩。针对土壤有机质的具体含有量来决定使用量。含有机质多，则多使用。

（5）嗪草酮（赛克、赛克津）　是一种土壤处理剂，能除去一年生阔叶杂草，属三氮苯类除草药。用量：每亩地用45～100克70%嗪草酮可湿性粉剂。要随土壤有机质含量的增多来增加药物使用量。需留意：pH≥7.5的土壤、沙土、有机质含量<2%的土壤和前茬玉米地用过阿特拉津的土壤最好不用嗪草酮除草。

（6）地乐胺（双丁乐灵）　能消灭寄生性杂草菟丝子、部分阔叶草和一年生禾本科杂草，是二硝基苯胺类除草药。用量：每亩用150～200毫升48%地乐胺乳油（可参考大豆始花期用100～200倍液喷雾，防除菟丝子要谨慎试用）。

（7）异丙草胺（普乐宝）　对结小粒种子的阔叶草及一年生禾本科杂草有防除效果，是一种内吸传导型药物，属于异丙草胺属酰胺类除草药。不光能在薯田除草，还可对大豆、向日葵、玉米、洋葱和甜菜使用。有50%可湿性粉剂及72%乳油两种剂型。用量：每亩使用100～200毫升72%乳油。土壤含有机质越多用量要越大，有机质含量低于3%的沙土每亩用100毫升；含有机质超过3%的壤土每亩能用180毫升。

（8）恶草酮（农思它）　对阔叶草和一年生禾本科杂草有效果，是环状亚胺类选择性触杀型芽期除草剂。主要用来处理播后出苗前的土壤，只要杂草的幼芽接触或吸收了药剂，就会死亡。用量：每亩使用120～150毫升25%乳油。

（9）田普（二甲戊灵）　杀草谱广，对阔叶草和一年生禾本科杂草均有效果，属于二硝基苯胺类除草药。为45%微胶囊剂型，属旱田苗前封闭性除草剂，用药后于土表形成2~3厘米深的药层，会将杂草消灭。而且还不会伤害作物的根，不易光解和挥发，有45~60天的持效时间。用量：灰灰菜较多的地块，每亩用110毫升。若土壤黏重、草多、有机质含量大于2%，或要求持效期长些，可适量增加用量。

（二）播后苗前对杂草茎叶喷雾杀灭

如果气温相对比较高，土壤湿度正好，各种杂草往往在马铃薯苗出来之前，就已长出，可以使用灭生性除草剂喷杂草的茎叶，将其消灭。

（1）百草枯（克芜踪、对草快）　为速效触杀型药剂，属于联吡啶类除草药，可用来处理茎叶，能快速见效，不伤害根部，只杀绿色部位，最好于傍晚或下午使用，使农药推迟见光时间，能增强防除效果。用量：每亩用200~300毫升20%百草枯水剂。

（2）草甘膦（农达、农民乐、达利农）　有内吸传导广谱灭生性，可以在植物体内快速传导进分生组织，是甘膦属有机磷类除草药。高效、残留少、低毒，容易分解，对环境无危害。用量：每亩用500~750毫升10%的草甘膦水剂，然后加水进行喷雾。

（三）马铃薯及杂草出苗后茎叶喷雾杀灭

（1）精吡氟禾草灵（精稳杀得）　为芳氧苯氧丙酸类内吸传导型茎叶处理剂。在多年生或一年生禾本科杂草的3~5叶期，将本药剂喷在茎叶上。用量：每亩地用50~100毫升15%精吡氟禾草灵乳油。杂草苗大或干旱高温的时候，适度加大用量，对马铃薯无害，施药后2~3小时下雨也不会减轻药效。

（2）精喹禾灵（精禾草克）　是内吸传导型茎叶处理剂，能防除一年生禾本科杂草，在杂草2~5叶的时候将药剂喷在茎叶上即可，属于芳氧苯氧丙酸类除草药。用量：每亩用50~80毫升5%精喹禾灵乳油。若每亩用到80毫升，就能防除大龄一年生禾本科杂草和多年生禾本科杂草。

（3）高效吡氟乙禾灵（高效盖草能）　是内吸传导型茎叶处理剂，对一年生和多年生禾本科杂草有防效，对马铃薯无害，能有效防除芦苇，在杂草3叶期时喷用，属于芳氧苯氧乙酸类除草剂。用量：每亩用35~50毫升12.8%高效吡氟乙禾灵。若要杀灭芦苇，应加大药量，每亩用量为60~90毫升。

（4）精噁唑禾草灵（威霸）　是传导型茎叶处理剂，能有效防除一年生及多年生禾本科杂草，在杂草2~4叶时喷在茎叶上，属于芳氧苯氧乙酸类除草剂。用量：每亩用50~60毫升6.9%精噁唑禾草灵乳油。

（5）烯草酮（收乐通）　是内吸传导型苗后选择性茎叶处理剂，有效防除一年生及多年生禾本科杂草，属于环己烯酮类除草剂。用量：每亩用35~40毫升12%烯草酮乳油，假如草龄较大，每亩可用60~80毫升。

（6）砜嘧磺隆（宝成）　有内吸传导性，能有效防除一年生禾本科杂草、多年生莎草及部分阔叶草，可以用作种后苗前的封闭土壤及苗后灭草，属于磺酰脲类除草药。处理茎叶时在禾本科杂草2~4个叶前喷药，阔叶草在高5厘米之前喷药效果好。用量：每亩喷5~6次25%砜嘧磺隆干悬浮，对26~30升水，选择无风天在田间喷雾。要先配成母液，然后放进喷药罐里，还要放入0.2%的表面活性剂，用中性洗涤剂或洗衣粉效果最好。有报道显示，亚麻、油菜对宝成敏感，因此施用过砜嘧磺隆的地块第二年不要种亚麻和油菜。此外，据观察显示，天气炎热的时候喷施砜嘧磺隆，马铃薯的叶子上会有和花叶病的斑驳类似的症状，几天后才能恢复。

最近为了满足农民的需求，国内农药生产厂家试配出很多复合型除草剂，不但防治禾本科杂草，也防除阔叶草，比如薯来宝和顶秧等。马铃薯种植人员可以先试用，一旦发现确实安全高效，就可以大面积施用。

（四）长残留除草剂对后茬马铃薯的影响

马铃薯对除草剂比较敏感，上茬用过的除草剂常常因长残留而会影响下茬马铃薯的产生，导致下茬马铃薯中毒，使产量严重下降，因此马铃薯种植人员务必在挑选地块前，清楚掌握前茬有没有用过除草剂及其种类，是否会危害下茬马铃薯，弄明白后，再决定。用作倒茬的田块栽种别的作物时，如果要用除草剂，必须注意不能使用会危害下茬马铃薯的药剂。

施用除草剂下茬种植马铃薯安全隔离期表

除草剂名称	异名	每亩用量（克、毫升）	安全隔离期（月）
5%咪草烟水剂	普施特、普杀特、豆草唑	100	36
20%氯嘧磺隆可湿性粉剂	豆磺隆、豆威、豆草隆	5	40
48%异恶草酮乳油	广灭灵、草灭灵	100	9
25%氟磺胺草醚水剂	虎威、除豆莠、北极星	100	24
38%莠去津悬浮剂	阿特拉津、盖萨普林	350	24
10%甲磺隆可湿性粉剂	合力、甲氧嗪磺隆	5	34

续表

除草剂名称	异名	每亩用量（克、毫升）	安全隔离期（月）
20%氯磺隆可湿性粉剂	绿磺隆	5	24
50%二氯喹啉酸可湿性粉剂	快杀稗、杀稗特、神锄、克稗灵、杀稗灵、稗草亡	15～24	24
4%烟嘧磺隆浓乳剂	玉农乐	10	18
70%嗪草酮可湿性粉剂	赛克、赛克津、立克除、甲草嗪	33～66	0

三、除草剂使用方法

马铃薯田除草剂有两种使用方法。

（一）土壤处理

封闭性除草剂既能在种植前使用，也能在种植后苗长出前使用。此种除草剂在杂草的芽鞘、胚轴及根等部位将药吸收后进入杂草体内，然后作用于生长点或者别的功能组织部位，杀死杂草，如乙草胺、氟乐灵、异丙甲草胺等。

（二）茎叶处理

可使用的药剂有两类。第一类是灭生性的，能灭杀任何杂草。可以在杂草长出苗、马铃薯未出苗的时候喷杂草的茎叶，通过茎、叶、芽鞘及根部吸收，控制杂草生长，使杂草死亡。比如草甘膦和百草枯等。第二类是选择性的，就是对不同的植物选择性灭杀，不会伤害马铃薯，但会杀伤一些杂草。这类药剂适用于马铃薯和杂草共生期，可以保苗灭草，比如精吡氟禾草灵和喹禾灵等。

（三）化学除草剂的具体使用技术

1. 禾草的化学防除

假如薯田还没有阔叶草、莎草，只有禾草，就可以使用拿捕净、喹禾灵以及氟乐灵进行防除。常用防除法如下：每亩地用70～110毫升47.5%氟乐灵乳油，对40升水，整地后在种马铃薯之前进行喷雾。应在低于30℃的傍晚或下午进行，施药后马上栽薯秧，扑草净和氟乐灵混合使用也可以。每亩用60～80毫升喹禾灵乳油，对50升水，在杂草3叶期时于田间喷雾。用药时要求田间空气要足够湿润，若要消灭多年生杂草，则应适量多施，施用后2～3小时下雨不会影响药效。每亩用60～90毫升12.5%拿捕净乳油，对40升水，在禾草2～3叶期喷雾。要喷均匀，空气足够湿润能加强效果。最好早晚喷药，温度高或中午时不适合用药。除4～5叶期禾草，每亩用量增加至130毫升；若是防除多年生杂草，可在施药量相同的条件下，与一次性用药相比，隔3周施2次药有更好的防除效果，要避免药沾到禾本植物。

2. 禾草+莎草的化学防除

如果薯田中没有阔叶草，有莎草及禾草，则可选用乙草胺。每亩地用50～100毫升50%乙草胺乳油，加40升水，栽薯秧前或栽薯秧后进行田间喷雾。地面应湿润，无风。乙草胺不能防除出苗杂草，要尽量早用药，增强效果。栽薯秧之后适合用0.1～1毫米的喷头喷药。

3. 禾草+阔叶草的化学防除

如果薯田中没有莎草，有阔叶草和禾草，则可选草长灭药剂。每亩地用200～250毫升70%草长灭可湿性粉剂，对40升水，栽前或栽后尽快喷雾。土壤墒情要好，微风或无风，切记不可和液态化肥混合使用。

4. 禾草+莎草+阔叶草的化学防除

假如薯田中既有禾草、莎草，又有阔叶草，则可使用旱草灵和果乐。每亩地使用40～60毫升果乐乳油，对40升水，进行喷雾。土壤墒情要好，如果有30～60毫米的降雨，则更好。用药时整地要细致，不能有大土块。用药时间为下午4点之后。